喜乐人生

邬欢田——编著

中国社会出版社
国家一级出版社 · 全国百佳图书出版单位

图书在版编目（CIP）数据

喜乐人生 / 邬欢田编著 . -- 北京 : 中国社会出版社，2022.7

ISBN 978-7-5087-6727-7

Ⅰ . ①喜…　Ⅱ . ①邬…　Ⅲ . ①人生哲学－通俗读物 Ⅳ . ① B821-49

中国版本图书馆 CIP 数据核字（2022）第 036290 号

出 版 人：浦善新　　**终 审 人**：陆　强

责任编辑：刘海飞　　**策划编辑**：刘海飞

责任校对：马潇潇　　**封面设计**：时　捷

出版发行：中国社会出版社　　**地　　址**：北京市西城区二龙路甲 33 号

邮政编码：100032　　**编 辑 部**：（010）58124868

网　　址：shcbs.mca.gov.cn　　**发 行 部**：（010）58124868

经　　销：新华书店

印刷装订：北京九州迅驰传媒文化有限公司

开　　本：145 mm × 210 mm　1/32

印　　张：8.25　　**字　　数**：200 千字

版　　次：2022 年 7 月第 1 版　　**印　　次**：2022 年 7 月第 1 次印刷

定　　价：66.00 元

中国社会出版社微信公众号

中国社会出版社天猫旗舰店

序

幸福快乐和健康长寿是我们的共同愿望与追求。但人这一生不如意之事十有八九，影响心情的事常有。人类的理论寿命一般认为可以到120岁，大体来讲，前60年即人生第一春，辛勤耕耘，负重前行；后60年即人生第二春，收获成果，享受人生。遗憾的是，有很多人难以实现这一美好愿望。一是过早离世，比如英年早逝、意外事故等；二是疾病缠身，平时不注意保养身体，到年老时健康出了问题；三是违法乱纪，轻者砸了饭碗，重者失去自由，甚至断送性命；四是受物欲困扰，即使衣食无忧，也仍然被身外之物烦扰；五是努力不够，时运不佳，虽然辛劳一生，但仍难安享晚年。

人究竟该如何活好这辈子，是需要终身思考的重大课题。“想活”是本能，“会活”靠本事；“过一天老一天”是自然规律，“活一天乐一天”靠人生智慧；活出喜乐人生靠修心，心若不动，万事从容。喜乐和快乐的区别在于：快乐是一种心灵满足和情绪表达，是短暂的、波动的、外在的，快乐容易受身外之物的影响。而喜乐是一种思想境界和人生态度，“不以物喜，不以己悲”，是内心恒久的喜悦和快乐。快乐使人兴奋，喜乐使人安宁。外在的兴奋总是短暂的，内在的安宁才能长久。

人活一辈子什么最重要？开悟最重要。因为排除痛苦、获得快乐的唯一途径就是开悟。无明是痛苦的根源，开悟是快乐的源泉。“无明”来自佛语，就是看不见、痴愚、执念，缺乏智慧，不明白规律，对人生缺乏透彻的认识。“开悟”就是开智悟理、觉悟、醒悟、想开、看透，顺应规律，悟出隐藏在事物背后的智慧。不论是幸福快乐还是健康长寿，都需要开悟与觉醒。什么人最快乐？大彻大悟的人最快乐，但大彻大悟的人很少。大彻大悟就是彻底醒悟，反义词是执迷不悟。人世间执迷不悟的人很多，所以不快乐的人很多。

人生之路是茫然的，人如果能够倒着活，多数人都能成为洞察万物的高人。我们不断遇到的种种挫折和烦恼，就是因为我们衰老得太早而聪明得太晚。在加强自我学习与实践的基础上，借鉴前人的智慧和他人的经验，是过好人生的最佳捷径。当我们有意无意地不在乎大道理时，却总是发现它还是静静地在我们身边发挥着巨大的作用，其实这就是客观规律的作用。不管“鸡汤”“鱼汤”，有营养就是好汤。凡是有价值、有启示的东西，无论它来自何方，都是值得我们关注借鉴的。人生是一个不断觉悟的过程，指导人生的道理，越早明白越好。

古希腊哲学家苏格拉底说：“各种学问，最根本的目的，是要解决‘人怎样活着’的问题。”本书紧紧围绕人该怎样活着而展开，以幸福快乐与健康长寿作为两大重点，坚持正确导向，弘扬正能量，紧贴实际生活，力求通俗易懂。

一本小书岂能囊括人生的活法？本书只是沧海一粟，抛砖引玉，引发思考。由于本人水平有限，书中疏漏与不足之处在所难免，敬请广大读者朋友批评指正。

邬欢田

2021年7月28日

目录

健康长寿篇

做人做事篇

婚姻家庭篇

幸福快乐篇

健康长寿篇

JIANKANG CHANGSHOU PIAN

第一章　健康是喜乐人生的基础

人这一生，为了生活，努力打拼，历尽艰辛。但不论是高官富翁，还是平民百姓，到最后拼的均是身体，没病就舒心，有病就难受，没有健康的身体就没有一切。德国哲学家叔本华说："健康的乞丐比有病的国王幸福。"一个人的健康与寿命，取决于遗传与后天因素，后天因素是主要的，比如灾害、动荡、事故和社会经济条件、医疗卫生水平、个人生活习惯等都会影响健康与寿命。就多数人而言，健康与长寿主要取决于个人良好的生活习惯。

做自己的健康管理师

人体健康有很多决定因素，比如父母遗传、社会环境、自然环境、医疗条件以及个人的生活方式等。在上述这些影响健康的因素中，个人的生活方式是人们可以自主选择的。所谓个人的生活方式，是指个人及其家庭日常生活的方式，包括衣食住行以及闲暇时间的利用方式等。现代科学反复证明，健康的关键是个人的生活方式。高血压、糖尿病等慢性病大多是不良的生活方式引起的。在癌症病人中，"生活方式癌”（指某些癌症与人类不良的生活方式或是生活中的行为有关）所占的比例高达80%以上。

一个人美好的生命旅程应该是：活得好，老得慢，病得晚，走得快。很显然，保持健康的身体，才能活得好、老得慢、病得晚。一般而言，寿命越长，“走”得越快越安详，瓜熟蒂落，无疾而终。有些长寿老人白天还在正常活动，晚上一睡就不再醒来。这样，自己不受罪，亲人也不受累。

健康是寿命的基础，健康在人，寿命在天。尽人事听天命，首先得尽人事。自己爱惜身体、重视健康，坚持健康的生活方式。至于寿命长短和怎么个走法，那是老天爷的事。一个人的健康与寿命，遗传基因固然重要，但不是全部，后天保养非常重要。人的生命就好比过去用的油灯，灯头太大容易油尽早灭，灯头太小容易被风吹灭。而且出生时，父母给的“油”是不一样的。有的人父母给的“油”多，先天元气很足；有的人父母给的“油”少，从小体质较弱。但父母给的“油”再多，如果后天不懂节省，把灯头调得太大，也会很快油尽灯灭。有的虽然父母给了半灯“油”，但平时注意省着点儿用，把灯头调得小点儿，灯亮的时间就会长些。这就是个人主宰健康、重视养生保健的意义。

在长期的进化过程中，人类的身体会为适应食物不足、高强度狩猎和采集劳动而准备。随着食物的充足和人们越来越少的体能消耗，身体进入一种不适应的状态——摄入过多的脂肪和糖，于是身体饱受高血压、糖尿病等各种“富贵病”

的困扰。改变这种状况的办法就是趋利避害，靠个人的觉悟和毅力，管住嘴，迈开腿，开启健康的生活方式。

原卫生部和清华大学共同发起的中国健康传播大会，是我国公共健康领域的品牌盛会，其宗旨是"倡导健康行为，共创健康社会"。大会宣布启动的"中国百岁工程"，制定出"60岁以上不生病、70岁以上不衰老、80岁以上可驾车、90岁以上可旅游、100岁以上生活自理"的目标。

原卫生部首席健康教育专家洪昭光教授说："这个目标的核心是60岁以前没有病。因为如果60岁以前没有病，退休以后压力小了，生活环境更宽松了，更有条件调理身体，得病的概率反而不高，容易轻松活过80岁。如果60岁以前就得了糖尿病、心脏病、严重的高血压和癌症等疾病，对60岁以后的健康状况就会产生很大影响。要想60岁以前不得病，关键要从年轻时开始打基础。"

任何慢性病的发生与发展，都有个病因不断积累的过程。今天得的病，是过去长期不重视健康的结果。一个人今天发生心梗、脑梗，其实早在10～30年前就已经开始动脉硬化。在这么长的时间内，如果能够重视健康，采取有效的预防措施，也许就会改变结局。现在的问题在于不是疾病年轻化了，而是不良的生活习惯年轻化了。生活条件越来越好，但不良的生活习惯越来越多。

心脑血管疾病是威胁人类生命健康的"头号杀手"。西方医学界有句名言：一个人的动脉有多老，他就有多老。人与血管同寿，血管健康人就健康，相同年龄的人若血管年轻，其机体也会年轻。如果血管提前老化，即使是年轻人，发生心脑血管意外的概率也会提高。血管从10岁开始就有沉积物，到30岁后开始出现斑块，如果平时对血管保护得好，斑块的发展程度就会变轻。所以保护血管要趁早，早点儿“养”血管胜过老来“治”血管。胡吃海塞、烟酒无度、运动太少、经常熬夜、压力太大、身体肥胖，高油、高盐、高糖、高脂饮食以及口腔细菌等，都是血管的大敌。人要想活得健康，就要保持机体内这套复杂的“管道系统”处处畅通。

每个人应该从年轻时就开始重视健康。年轻时忙工作或轻视健康，到年老后才重视健康，是人生路上的重大失误。

人这一生，简单讲就是生命加经历。任何人的劝阻都很难让人大彻大悟，真正能让人幡然醒悟、刻骨铭心的，只有亲身经历过的事。“不见黄河心不死”是大多数人的通病，也许不得一场大病，人是体会不到病痛折磨的刻骨铭心的。抽空去医院看看，或许是一种有效的健康教育方式。看看医院门诊大厅人头攒动排长队的情景，看看患者痛苦的表情和家属满面的愁容，如果能进一步了解看病过程的艰难和花钱如流水，一定会对人们增强健康意识、重视疾病预防起到促进作用。

随着人们健康意识的进一步增强和医疗条件的进一步改善，特别是科技进步，使威胁人类寿命的一些疾病得到有效控制。但医疗条件再好也只是外因，争取健康长寿还主要靠我们自己。

提高健康素养

健康素养是指个人获取和理解健康信息，并运用这些信息维护和促进自身健康的能力。健康素养包括健康知识理念、健康生活方式、基本医学知识和技能、慢性病和传染病防治等。健康素养高的人，患病和死亡风险显著低于健康素养低的人。追求喜乐人生，从提高健康素养开始。

人要重视学习医疗保健知识，多向医务人员咨询请教。对网络上各种健康信息要慎重接受，注意辨别养生乱象，不要轻信什么祖传秘方。不要盲目跟风，一会儿吃这个好，一会儿喝那个好。在选购健康书籍或浏览网上的健康信息时：一是看作者是否有正规医院、科研机构或高校等专业背景；二是看出版社是否具有资质；三是看是否违反基本常识。在辨别健康专家时：一是看其有无执业资格，是否在正规医疗、院校等机构工作；二是看他说什么，如果动不动就说“祖传秘方”“包治百病”“很简单”等夸大性言辞的，基本不可信。无知者无畏，越是江湖医生越胆大、越敢说、越敢下药，越是医术精湛的医生越保守、越细心、越谨慎。生病一定要找正规医院的医生看病，与其相信一个没有资质的所谓“大师”，不如相信一个有资质的普通医生。

预防疾病要靠自己，要有主见、有悟性、有决心，在不断学习体会的基础上，提高自己的养生保健素养。通过重视预防、早期干预、及时调理，争取少得病、晚得病、不得大病。要懂得向内求，重视健康。每个人都是自己健康的第一责任人。如果自己都不爱惜自己的身体，甚至任意地糟蹋身体，医疗技术再怎么发达也没用。

重视体检是个人健康素养的基本要求，是预防疾病最重要的措施之一。早发现、早治疗，避免病情加重和恶化，可以有效地提高疾病治愈率。通过体检，可以及时掌握个人的健康状况，从而改变不良的生活习惯。不要等到身体出现状况后才去检查治疗，要知道治疗比预防代价大得多。需要注意的是，既要重视体检指标，也要关注身体的感受；既要早发现、早治疗，也要防止过度体检、过度治疗。

养生就是顺应自然规律

养生的“养”不应简单地理解为“保养”，而应理解为“顺应”，就是顺应自然规律。人类在宇宙中小如微尘，所以自然规律不可抗拒。养生保健应顺应自然，按照生命运动的规律，做好每天该做的事情，培养健康的生活方式和良好的生活习惯，不过分依赖医疗、药物等外因的作用。

养生要按照四季变化顺势而为。如冬天就要“冷”着过，屋里别太暖，以不冷为好；夏天就要“热”着过，空调别太凉，能忍耐就不开空调，汗腺是人体自带的“空调”。长期过度使用空调，人体自我调节冷暖的功能会削弱。享受空调的清凉，会失去顺应自然、冬冷夏热的养生机会。夏天不出汗，秋冬易得病。冬天不冷，夏天不热，身体就容易生病。中医自古提倡“出汗养生治病”，主张经过出汗通经活络、疏通血脉、排出体内废物。夏天出汗是上天赋予人们的自然保健良方。三伏天出汗是天然的解表除湿散寒汤，可以排出一年四季所受的风寒邪湿。但出汗也要适度，不要经常大汗淋漓。汗为心液，汗血同源。少汗健身，多汗伤身。出汗过多耗损津血和阳气，经常大汗淋漓也是养生大忌。

养生就是养阳气。中医讲的阳气，就是体内的元气、精气，由受于父母的先天之气、后天的呼吸之气和脾胃运化而来的水谷之气结合而成。阳气是人体物质代谢和生理功能的原动力，具有温养全身组织、维护脏腑功能和抵御外来侵害等作用，是人体生长、发育、生殖、衰老和死亡的决定因素。阳气是生命之本，万物生长靠太阳，人体健康靠阳气。阳气充足，人体健壮，不易得病；阳气不足，邪湿过重，体弱多病。人的一生就是阳气衰减的过程，阳气耗尽，生命终止。

养生要遵循人体的生物钟。生物钟是生物体内一种无形的“时钟”，是生物体生命活动的内在节律，它具有提示时间、提示事件、维持状态和禁止功能，调节人体的行为、体温、睡眠、激素水平和新陈代谢。生物钟是自然规律在人体内的体现，人体的节律主要受太阳、地球、月亮等宇宙节律的影响。生物钟运转的紊乱，是生病、加速衰老、短寿的重要原因，生物钟养生在人的生命活动中处于主导地位。

2017年，诺贝尔生理学或医学奖授予3名美国科学家，以表彰他们研究生物钟运行机制方面的成就。科学家发现并解释了植物、动物和人类如何通过调节生物节律，与地球旋转实现同步。这个诺贝尔奖成果提示我们：当人们的生活方式总和身体内部的“计时器”作对时，患各类疾病的风险就会大大增加。

科学家还发现，人体器官中几乎所有的细胞，都在按照太阳的升落，有规律地制造着某种蛋白质，从而完成人体的新陈代谢。人的一切生命活动，比如生长发育、体力智力以及情绪、心率、血压、呼吸节奏、女性经期等，都是按照生物钟的自然节律进行的。如果人的生物钟运转与大自然的节律合拍，就能“以自然之道养自然之身”，即生物钟养生。生物钟养生是健康长寿有效的自我投资，比任何药物、补品都管用。这样，既不用花钱，又不用花时间，在不知不觉中“积蓄”健康。

养成规律生活的习惯。规律生活是人类提高生命质量、延年益寿的核心内容，它要求每天把日常生活的方方面面，按生物钟的运转规律达到定时，逐日坚持便形成习惯。人们长期定时地从事某项活动，便会建立良性的条件反射，生理学称之为“动力定型”。它一旦形成，就会使身体各组织器官高度规律化、自动化，生理、心理都处于和谐共生状态，使生活有了预见性和适应性，对保证健康和提高活动效率至关重要。比如按时吃饭、按时睡觉、按时排便、按时运动、按时工作等，一日生活尽可能有相对固定的时间。

如果你的生物钟运转正常，到了某一时刻，大脑便会自动指挥体内的生理功能作规律性的变化，这时人体的生理代谢最平衡，并且耗能最少。任何试图改变生物钟的行为，都会给身体带来莫名其妙的疾病。比如身体健康、生活规律的人，晚上天黑以后会渐渐犯困而早睡，天亮时肚子会把人叫醒而早起。如果没有时间观念，生活太随意，身体就会因找不到节奏而功能紊乱。

生活习惯决定健康状况

人之所以生病，与遗传、环境等多种因素有关，但归根到底与个人的行为习惯密切相关。世界卫生组织强调，21世纪对人类健康最大的威胁是生活方式病。过去生产力极其低下，人类的疾病主要是由物质匮乏、营养不良引起的。现在生产力极大发展、物质极大丰富，人类的疾病主要是由吃多动少、作息紊乱、心态失衡引起的。如果说有不生病、少生病的诀窍，那么养成良好的生活习惯便是一种重要诀窍。

长寿专家通过多地考察发现，生活中遵循一些简单的习惯，就能达到长寿的目的。比如不熬夜、不久坐、早餐必吃、晚餐少吃、饮食七八分饱、不憋尿、每天大便等。坚持一个好习惯，改掉一个坏习惯，就是给健康长寿加分。我国长寿指数最高的地方多在南方。为什么南方人相对于北方人更长寿？重要原因是：北方人口味较重，南方人吃得清淡；北方人爱喝酒，南方人爱喝茶；北方人狼吞虎咽，南方人细嚼慢咽；北方人风风火火，性子急，脾气暴；南方人性格细腻、脾气温和。

长寿的“秘诀”就是吃什么、干什么都以“身体不受伤害”为前提。一个好习惯坚持几十年就是增寿，一个坏习惯坚持几十年就是折寿。有意识地培养有利于健康的好习惯，下决心戒除不利于健康的坏习惯，是重要的养生之道。比如癌症，虽然每个人体内都有原癌基因，但是每个人生来自带抗癌力。强大的抗癌力控制原癌基因的发展，所以多数人不会得癌症。但如果熬夜、久坐、抽烟、胡吃海喝、心情不好，使抗癌力不断受到摧残，就会成为癌症的“候选人”。

中庸是养生的根本原则。人生有度，过则为灾。做任何事都要把握个“度”，“度”就是分寸，适可而止。养生保健关键在细节，核心是适度。比如饮食有度、锻炼有度、勤奋有度、睡眠有度、欲望有度等。再好的食物，吃得太多也有害。走路锻炼再好，走得太多也伤身。有位老中医提出长寿恪守“十不过”：衣不过暖，食不过饱，住不过奢，行不过富，劳不过累，逸不过安，喜不过头，怒不过暴，名不过求，利不过贪。

当然，过分在意健康也是一种心理疾病。比如过分在意养生，成天琢磨吃什么补血、吃什么补钙，这个吃一两、那个吃二两；总担心农药残留、添加剂、食物相克等；这也不敢吃，那也不敢吃，路也不会走了，觉也不会睡了，草木皆兵，无所适从，把美好的生活变成一种负担。又如整天琢磨自己的身体，一天多次量血压、测血糖、称体重，如果指标稍有变化就高度紧张，这样不但无益反而影响健康。

情绪对健康的影响

当人产生负面情绪时，70%以上的人会以攻击自身器官的方式消化这些不良情绪。小到感冒，大到冠心病、癌症等，都与情绪密切相关。在一切对人体健康不利的影响中，最能影响人寿命的因素之一，是糟糕的情绪和恶劣的心境。90%以上的疾病都与情绪有关。因此，我们要把控好情绪这个关。

一位80多岁的肿瘤免疫学家指出，愉悦的心情对健康和增强免疫力很重要，发脾气、生闷气、憋着上火等，都会引起体内肾上腺素提高，进而使身体各项机能降低。他的防癌秘方就是保持愉悦的心情。

癌症是典型的心身疾病。所谓心身疾病，是指心理因素在疾病发生、发展中起主导作用的躯体疾病。临床统计显示，90%以上的肿瘤都与精神和情绪有关。长期情绪不好会使人体产生应激反应，过强的应激反应会降低人体免疫力，使癌细胞有可乘之机。研究表明，工作学习长期紧张、人际关系不和谐、生活中遭遇重大不幸是致癌的3个重要因素。

在人的各种不良情绪中，对身体伤害更大的情绪是恐惧。俄罗斯有一个16岁女孩，在“鬼屋”游玩时因受惊吓而倒地死亡，原因是肾上腺素上升太快使心脏超负荷而死。专家指出，恐惧是能够致人死亡或导致持久并发症的。人在非常恐惧时，免疫力会迅速下降。据统计，癌症患者中至少1/3是被吓死的。历史上发生的瘟疫，被吓死的人比病死的人多。

心情好心脏才会好。美国心脏病学领军人物、著名心脏病专家嘉妮丽博士在《心情好，心脏才会好》一书中，阐述了世界心脏病领域的新发现。下面是摘录此书的大意。

> 心脏不仅是一个压送血液的泵，而且是一个智能器官，是一颗微型大脑。现代医学的最大悲哀之一，是将心脏视为一个简单的机械压泵，而忽视了它的情感需求。这是现代人心脏日益脆弱的根源！有50%以上的冠心病不是肥胖、高血压、高血脂、高胆固醇等造成的，其罪魁祸首是我们的情绪。现在，人们十分重视饮食和运动对心脏的影响，却忽视了心理压力对心脏的影响。压力使人体分泌更多的压力荷尔蒙，使血压和心跳急剧升高，导致动脉血管壁增厚，动脉更为狭窄，血小板变得黏稠，血液的胆固醇水平提高。一个人心脏检测指标都很正常，但心理压力过大时，也可能突发心脏病，因为

即使再先进的仪器也无法检测出人的精神状况与心情好坏。现代医学的一切手段都只是在关注人的物质身体，而不是人的灵魂。治疗心脏病最好的药是爱、宽容和乐观向上的心情。经常心情不好，心脏自然就不会好。

心情好身体就好，心情好一切都好。胃口好，睡眠好，血管好，精神好，气色好，脾气好，抵抗力强。所以，重视健康不光要想到饮食、运动和睡眠等生理因素，还应该把调节心情、心理健康作为重中之重。

争强好胜容易短寿。性格暴烈、行为霸道、难缠好斗的人，身体容易出问题，因为经常处于斗争状态，情绪起伏剧烈必然伤身。刚者易折，柔则长存。一个低调、善良、守弱、随和的人，生命的韧性和耐力自然会更强，性格温和的人容易健康长寿，心平气和是重要的养生之道。

主动宣泄情绪有益健康。现代医学发现，人类65%～90%的疾病与心理压抑有关。爱生闷气是典型的“癌症性格”，发生乳腺癌的概率明显偏高。喜怒哀乐是人的正常情绪，该发火时要发火。“怒伤肝”是指动不动就发怒，但有怒不发长期压抑会肝气郁结、气血瘀滞，引发肠胃不适、肿瘤、抑郁等诸多严重后果。情绪宜疏不宜堵，负面情绪就像垃圾，总得有个出口。如果想表达时被压制，就会一次次堆积。长期压抑情绪，有话不说憋在心里，强压怒火，忍气吞声，逆来顺受，时间长了就会生病。有一位女士，婚后有一儿一女，一直都和公公婆婆住在一起，虽然丈夫一家对她还不错，但她还是很压抑，希望能够拥有一个只属于自己与丈夫、孩子的家，哪怕不大都行。她多次跟丈夫提过，都遭到拒绝。后来她虽然不再提起这件事，但由于长期郁闷，不久被查出了肺癌晚期。

任何生气伤害的都是自己

生气、愤怒是人类进化中保留下来的本能，具有保护自我的作用。比如想吃的东西被人抢走、想做的事受到阻挠、在群体中遭受排挤时，人们会用愤怒的方式去表达自己的情绪。婴儿饿了会哭闹，就是“愤怒本能”驱使其表达需求并争取生存必需品。

虽然生气是人的本能，但如果老生气或过度生气，对健康的伤害很大。不仅“怒伤肝”，生气对心、肺、肠胃、血管、大脑及生殖系统等各个器官都有伤害。脾气暴躁的人，身体自我修复能力差，伤口愈合慢。人生气时的生理反应非常强烈，气体在体内处于一种紊乱状态，分泌物比任何时候都复杂，而且具有毒性。不管生什么气，不管和谁生气，不管谁对谁错，生气伤害的都是自己，是拿别人的错误惩罚自己的愚蠢行为。

制怒不是不怒，而是不乱发脾气。心理学认为，在处理得当的情况下，生气能起到积极作用，可以让他人知道自己的感受，从而维护自己的利益。但这种生气应该是策略性的，不是冲动的、伤害自己的、不计后果的。会生气，就是该生气时生气，或者让对方看到自己生气，表达自己的不满，但自己内心并未生气。

不生气，说起来容易做起来难。不生气不是让自己把气压抑住、憋回去，而是通过“读万卷书，行万里路”来修炼不生气的智慧。通过读书思考和自我反省，学习前人不生气的智慧，升华人格，净化心灵。通过逆境磨炼和见识人性，让苦难和委屈撑大自己的心胸，开阔视野，适应环境。修炼不生气的智慧有很多方法。

一是修炼宽阔豁达的胸怀。经常生气的人，从本质上讲是心胸不宽、格局不大，心里装不下事。一个胸怀宽阔的人，心里能装下高山大海，容天下难容之事，笑世间可笑之人。在生活中，经常会遇到各式各样的人，需要修炼点儿“一笑了之”的处世态度。正如大画家齐白石的座右铭：“人誉之一笑，人骂之一笑。”心大了，所有的事情就小了；心小了，所有的事情就大了。人在一个地方待久了，或生活的圈子太小了，就容易变得短视，成为井底之蛙，常会为一些小事争执和烦恼。人一旦走出去，会惊叹世界之大，感到曾被自己看重的那些东西，其实非常渺小，甚至非常可笑，简直不值一提。

二是懂得不忘初心的道理。唐代一位法师十分喜爱兰花，一次外出云游时吩咐弟子照看好他的几十盆兰花。有一夜风雨大作，弟子忘关窗户，兰花被风雨摧残得一片狼藉。弟子个个懊悔不迭，但法师回来后不但没有责怪，反而宽慰弟子道："区区兰花，何足挂齿！"有弟子问："您看到非常心爱的兰花被毁怎么不生气啊？"法师说："我种兰花是为了快乐，并非为了生气啊！"虽然法师的修为我们常人难及，但牢记"我种兰花是为了快乐，并非为了生气"的人生智慧，学习这种思维方式和乐观豁达的精神，我们可以少生很多气。比如，亲朋来往不是为了生气的，所以不能太计较；帮人办事不是为了生气的，所以不能图回报；两人结婚不是为了生气的，所以要多宽容、多忍耐；结伴旅游不是为了生气的，所以不能以自我为中心。有的两口子旅游，走一路吵一路，这不是出去花钱买不愉快吗？

三是专注自己的生活。世上没有不被议论的人，也没有不被评说的事。流言蜚语常有，歪曲误解常在。无论你怎么做，都会有人说三道四。只要自己说话不伤人、做事不损人，大可不必在意他人的闲言碎语，把全部精力放在专注自己的生活上。

四是不以自我为中心。不管你认为自己怎么了不起，都不能以自我为中心，世界不可能让你万事如意。除了要管住嘴、迈开腿和早睡早起，人还要多学点儿管住自己脾气的智慧，善待自己从少生气开始。

养生的关键是养心

由于人类认识的局限性，我们的老祖宗认为心脏除了具有“泵血”功能外，人的思想、情绪都由心脏产生。因为古人在认识人体各器官的功能时，是通过眼、耳、口、鼻等身体器官的感受来体会的。当情绪激动时，我们的大脑没反应，而心脏有反应，人难受时是心里难受、心情不好。其实心脏与大脑关系密切，大脑的情绪直接影响心脏的跳动，在情绪不好时大脑会分泌大量激素，直接引起心室纤维颤动，感觉心里难受，也就是说是大脑指挥让心里难受，从这个角度讲“心病”其实是“脑病”。

养心就是保护心脏，涵养心志，平静心神，清心寡欲。最好的心情不是快乐，而是宁静。宁静，就是内心的安宁与平静。杂念太多，心神动荡，情绪波动太大，会引起血压升高、各器官功能和内分泌失调、免疫力下降。巴西一位学者经过多年研究发现，有贪污受贿行为的人，癌症、心脏病、脑出血的发病率远远高于正常人群。

养心的关键是心静。心静就是少欲、少喜、少怒、少忧、少思、少悲、少恐。心静则气顺，气顺则血畅，气顺血畅则体健。健康出问题多数是四个原因：吃多了，动少了，睡晚了，心乱了。人心最忌一个“乱”字，心乱一切都乱。心若不动，万事从容。中医讲，心神不宁，疾病上身，心乱百病生，心静万病息。如果不能减少心理内耗，一切养生都是徒劳。养身宜动，养心宜静。动则养阳，静则养阴；动静结合，阴阳协调。身要动，心要静，营养均衡不过剩，身动心静百病不侵。现在人们正好相反，不是身动心静，而是心动身静，欲望太强，不爱运动，所以容易生病。

真正的宁静不是远离车马喧嚣，而是在心里“修篱种菊”，为心灵围上一道篱笆，控制欲望和非分之想，学会给心灵松绑，守住内心的宁静。事来心应，事去心止。不论好事坏事，来就来了，去就去了。得之淡然，失之泰然，宠辱不惊，淡定从容，让心情尽可能保持平静。人的境遇千差万别，如果总是羡慕别人，和别人比较，就会使自己不得安宁。人的心情不好，固然与外界环境等多种因素有关，但主要是与自己的心态有很大关系。人在努力改变外界环境的同时，要学会向内求，自寻快乐，可以经常默念“不让任何人、任何事影响自己的心情”。

很多疾病本质上都是心病。心病泛指心脏的各种病症，这里主要指心理疾病。我们通常说的心病，是指让人恐惧、忧虑、烦恼、纠结、不顺心的事或难以告人的事。世界卫生组织指出，心理问题是人类21世纪最严重的问题。诺贝尔生理学奖得主伊丽莎白总结的长寿之道是：合理膳食占25%，其他占25%，而心理平衡的作用占50%。心理平衡的关键是人际关系的和谐。人际关系包括家庭关系、上下级关系和亲友、同事、邻里等各种关系，最重要的是夫妻关系。感情好的夫妻，心理问题明显偏少，身体更为健康。有了人际关系和谐状态下的心理平衡，人体的神经系统、内分泌系统、免疫功能、各器官代偿功能才能处于协调状态。

人最怕有心病，心事太多就会生病。致命的4种心病如下。

一是心机太重。城府太深，心眼儿太多，既要思谋算计别人，又要防范别人算计，心无宁日，活得很累很复杂。心率一般比较快，睡眠不好，导致脏器功能紊乱、免疫力下降。

二是贪心太重。贪心是人的本性，但要将其控制在适当的范围内，贪婪之心一旦膨胀失控，就会胆大妄为、违法乱纪，使自己提心吊胆、不得安生。无贪婪心即无烦恼心，有平常心就有清净心。

三是嫉妒心太重。看到别人比自己强时，不是学习取经，而是羡慕嫉妒恨，经常处在憋屈、郁闷、愤怒、迷茫、痛苦、焦躁不安之中，人体的免疫功能会受到抑制和摧毁。

四是忧心太重。欲望太强，杂念太多，过度焦虑。如果忧心事堆积于心，就会劳神伤身，影响健康与寿命。“忧伤肺”，焦虑、忧愁是肺癌的重要诱因。不吸烟的人群肺癌高发，与忧心太重、压力太大有关。

心态需要修炼，往寡欲、敬畏、感恩、友善、阳光、宽容、柔顺、宁静方面修炼。一个人如果不懂得修心，即使服用灵丹妙药、玉液琼浆，也无法延年益寿。对于长寿问题，国内外有太多的研究，现实生活中也有大量事实证明，吃荤的、吃素的，爱运动的、不爱运动的，甚至抽烟喝酒的都有长寿的。但有一点是共同的，那就是心态好、心情好。

2017年，我国“汉语拼音之父”周有光逝世，享年112岁。有人曾向他请教长寿秘诀，他拿出自己写的《新陋室铭》：山不在高，只要有葱郁的树林。水不在深，只要有洄游的鱼群。这是陋室，只要我唯物主义地快乐自寻。房间阴暗，更显得窗子明亮。书桌不平，要怪我伏案太勤。门槛破烂，偏多不速之客。地板跳舞，欢迎老友来临。卧室就是厨房，伙食方便。书橱兼作菜橱，菜有书香。喜听邻居的收音机送来音乐，爱看素不相识的朋友寄来文章。使尽吃奶之力，挤上电车，借此锻炼筋骨；为打公用电话，出门半里，顺便散步观光。仰望云天，宇宙是我的屋顶。遨游郊外，田野是我的花房。他还说：“老年人一定要多动脑子，一天到晚无所事事，没什么追求，不思考什么事，脑子就老化得快。”因此，他82岁开始学电脑，107岁仍然使用电脑撰稿出书。

周老这段“长寿秘诀”就是生活简单、脑勤腿勤、心胸宽阔、快乐自寻。有这样心态的人，想不长寿都难。

最好的医生只能是自己

世界卫生组织指出，人类仍有8000多种疾病不能治愈，医疗只能解决人类健康8%的问题，人类把自我健康寄予医疗和医生是无知和可悲的。因为人体是个非常复杂的系统，目前医学所能知道的可能与人体实际情况差别很大，所以医疗的作用是非常有限的。

之所以说医疗的作用是非常有限的，不仅因为医学的局限性，而且因为人的身体和病情千差万别，身体的感觉只有自己最清楚。况且医生既不能控制你的情绪，也不能左右你的生活，更无法使你避免各种伤害。当我们明白医生的作用是非常有限的以后，最重要的是提高自己的健康素养，充分发挥自我保健的作用。不仅要学习医疗保健知识，而且还要靠自律去落实这些知识。现在人们的健康意识越来越强，健康知识也越来越多，但关键在于落实，知道而做不到等于不知道。

虽然能治愈的疾病是有限的，但是现代医学在不断研究出相关疾病的预防方法。现在的问题是人们过多地依赖医院，对治疗寄予太高期望，而轻视自我预防在生命健康中的重要作用，轻视自我保健这一简便、实用、有效的防病手段。有些人一边自己肆无忌惮糟蹋身体，一边又强烈要求医院让自己健康。其实，人只能靠自己来主宰自己的健康，而不是得了病把一切交给医院处理。在不良生活习惯的改变上，如果自己抱着任性侥幸的态度，不重视，不自律，谁也救不了你。比如，明知自己有病，还不忌口；明知熬夜有害，还天天晚睡；明知垃圾食品有害，还往嘴里吃；明知抽烟有害，还照抽不误；明知早餐重要，还是宁愿睡懒觉也不吃早餐；明知大鱼大肉和高油、高盐、高糖有害，还是不加控制；明知户外活动晒太阳有益健康，还是窝在家里懒得动弹，或把自己遮盖起来怕晒黑；明知负面情绪伤害身体，还是不注意调整心态。

人体有强大的自愈能力。自愈力是人体与生俱来的能力，有着巨大的神奇力量，不会因年龄增大而消失。

人体有一套非常科学奇妙的自愈系统，包括免疫力、排异能力、修复能力、内分泌调节能力和应激能力等。比如，当身体受到细菌、病毒袭击时，自愈系统会迅速组织免疫细胞投入战斗，最典型的反应就是感冒发烧。因为战斗得有个过程，所以感冒需要5 ～ 7天不治而愈，吃药只是缓解鼻塞、咳嗽等难受症状。

免疫力是人体自身的防御机制。免疫力强，抵抗外来入侵的能力就强。免疫力是癌细胞的“克星”，身体素质差的人容易患癌，患癌后容易转移和扩散。而增强免疫力主要靠自己，坚持良好的生活习惯。比如，注意营养均衡、保证睡眠质量、坚持适度运动、保持愉快心情、尽量少吃药物等。

人体具有强大的自我修复功能，但是再强大也经不住自己对身体的反复伤害。从本质上讲，生命健康的威胁不只是疾病，而是持续不断的反复伤害。比如，经常吃垃圾食品、久坐不动、熬夜、长期大量抽烟喝酒、生活压力大、心情总是不好等。当疾病发生时，要尽快找到致病的原因，消除那些伤害身体的因素，让身体慢慢自我修复。但现实情况恰恰相反，人们非常惧怕疾病，却不担心、不重视那些伤害健康的因素。只重视疾病如何治疗，而不重视为什么发生疾病。比如高血压，只管一味地吃降压药，而不去消除造成高血压的根源。一切疾病都是错误的因产生错误的果，错误的因不除，错误的果必然产生。得了病不光要向外求，还应靠自身的修复系统来修复身体。正确的观念比昂贵的药物和高超的手术管用。因为有正确的观念，才会有正确的行动，才可能预防疾病的发生。

尽量少用药。不论中药西药，“是药三分毒”。吃药太多不仅损害肝肾等脏器，而且会降低自身免疫力。因为身体的免疫系统是同疾病打仗的，它的战斗力也是用进废退。如果有点儿不舒服就吃药、打针、输液，免疫系统的任务被药物代替，自身免疫力不但得不到锻炼，反而会受到药物副作用的伤害。一生病就吃药，身体会越吃越弱，以后用药的剂量会越来越大。有病可以向医生多咨询，但尽量少吃药，能食疗的就不药疗。

相信医生，但不要盲从医生。人体是个非常复杂的系统，医院和医生也有误诊的时候。所以，对重大疾病的诊治，最好别只听一个医生或一家医院的意见。在一家医院诊断后，一定要去第二家医院核实，这是最简单的减少误诊的办法。不要盲从专家，更不要盲目相信熟人。现在的医院分科越来越细，医生们各管一块。但生命是一个有机整体，以整体功能的密切配合而存在，不像机器那样换个零件就行。所以，尽管每个医生都在做正确的事，但局部的正确可能造成整体的不正确，失去了生命系统的整体功能，这就是虽然手术成功但病人很快死亡的一个重要原因。

控制体重才能控制人生。超重、肥胖对健康和形象的影响是肯定的，能否控制自己的体重，反映出一个人的人生态度和自律能力。仅从健康角度讲，与体重正常的人相比，肥胖者患冠心病、高血压、糖尿病的概率是正常人的数倍。虽然患病的原因是多方面的，但超重、肥胖是非常重要的原因。腰部过粗，脂肪堆积，挤压内脏，阻滞血脉，加重心脏负担，增加高血压、糖尿病、心脏病等风险。脖子过粗，说明颈部皮下脂肪堆积，也会增加上述风险。十个胖子九个虚，胖子体内多余的不仅是脂肪，还有垃圾废物的堆积。身体过重下肢关节受害，就像经常扛一袋面粉走路、爬楼梯，各个关节会加速磨损。理想的体重应该是标准体重或微胖，微胖就是略超标准体重。与偏瘦的人相比，微胖的人不易发生流感、肺炎等急性感染，外科手术的预后效果也更好。皮下脂肪稍多，利于储存能量，抵抗寒冷，增强免疫力，保护重要器官，从而延缓衰老。

重视手的卫生是预防疾病的关键环节。人类的天敌是细菌、病毒等微生物。除了机械性伤害和自然衰老等因素以外，微生物感染是人类得病的主要原因。微生物具有极强的生长繁殖能力。比如细菌，在适宜条件下，1个细菌在1小时内能够分裂繁殖出几亿个细菌。人的手既与外界各种物品接触最多，又经常触摸嘴、眼、鼻和食物，防止“病从手入”的关键是勤洗手。一位呼吸科医生说，只要坚持认真洗手，就可以减少90%以上的致病源。外出回来、饭前便后、做饭和吃水果、嗑瓜子等直接接触各种食物之前，一定要认真洗手。

口腔卫生不仅关系牙齿健康，而且直接关系心脏、大脑等脏器的健康。预防疾病，从每天认真刷牙开始。刷牙是清除牙菌斑、软垢和食物残渣的主要手段。牙菌斑不仅会导致蛀牙、牙龈炎、牙周病和口臭等，更重要的是如果有害菌通过牙龈炎症等创口进入血液循环，进入心脏、大脑和肺部，会导致心脑血管疾病和肺炎。牙结石是牙菌斑没有及时去除而逐渐钙化、沉积形成的“石头”。牙石是引发牙周病的主要原因。牙周病引起牙龈炎、牙出血和口腔异味，严重时牙齿会松动、脱落。“老掉牙”主要不是因为老了，而是因为细菌所致。牙菌斑和牙结石长期刺激牙龈，使牙龈发炎、萎缩和牙槽骨吸收，最终使牙齿失去依托而松动、脱落。正确刷牙可以去除牙菌斑，但不能去除牙结石，牙结石需要通过洗牙才能去除。

戴口罩是预防感染的最有效途径。新冠肺炎疫情发生后，大家坚持戴口罩，不仅有效预防新冠病毒感染，而且感冒患者明显减少。可见，戴口罩、勤洗手、勤刷牙、勤通风、不聚集，是预防细菌、病毒感染最有效的措施。

学习急救知识利己利人。个人急救知识的普及率，是一个国家文明程度的重要标志之一。为了保护自己、挽救他人，自救互救应该成为每个人的基本技能，比如心肺复苏、心梗脑梗急救、溺水急救、触电急救和异物堵塞气道急救等。

第二章 营养均衡，排泄通畅

过去食物匮乏，对人们健康的影响主要是营养不良。现在食物丰富，对健康的影响主要是营养过剩或营养不均。营养均衡，不但能满足人体对不同营养的需求，而且对预防疾病、增强抵抗力非常重要。人体70%的免疫力来自肠道，便秘是万病之源，排泄通畅是身体健康的重要保证。

营养是健康的根本

食物是人体的营养来源，我们身体的健康，靠全面均衡的营养支撑。身体有了毛病，要靠营养素来修复。如果营养充足，胃细胞7天更新一次，皮肤细胞28天更新一次，肝细胞180天更新一次，一年左右的时间，身体98%的细胞会更新一遍，受损的器官通过细胞不断更新得到自我修复。很多时候，真正让病人康复的不是药物，而是充足的蛋白质、维生素、矿物质和脂肪等营养物质。

人体需要的营养素有上百种，除自身能够合成的以外，必须从外界摄取的有40余种，可分为七大类：蛋白质、碳水化合物、脂肪、矿物质、维生素、膳食纤维和水。

蛋白质是生命的物质基础，是构成人体细胞、组织的原料。蛋白质有三大作用：一是建造和修复身体的重要原料，人体发育、受损细胞修复与更新都离不开蛋白质；二是调节体液渗透压和维持酸碱平衡；三是提供能量，人体所需热能10%～15%来自蛋白质。蛋白质主要来自肉、奶、蛋、豆类和坚果，动物蛋白比植物蛋白营养价值更高。

碳水化合物也叫糖类，由碳、氢、氧三种元素组成。由于它所含的氢氧比例为2∶1，和水一样，所以叫碳水化合物。碳水化合物有三大作用：一是人体热能的主要来源，为人体提供约70%的能量；二是构成细胞和组织，每个细胞含2%～10%的碳水化合物；三是节省蛋白质。碳水化合物主要来自粮食、豆类、薯类、水果及甜食。

脂肪主要来自油脂等摄入的热量，如果热量多于消耗，过剩的热量会转化为脂肪。脂肪对生命极为重要，有三大作用：一是储存能量，是体内重要的储能物质，在运动、生病、进食减少时应急供能；二是对内脏和骨骼等起支撑保护作用，内脏器官由脂肪包裹保护，瘦人容易胃下垂，脂肪和肌肉较多的人相对而言不易骨折；三是皮下脂肪有隔热保护作用，为人体提供能量、维持体温。

矿物质又称无机盐，是人体内无机物的总称，是地壳中自然存在的化合物或天然元素，是构成骨骼和牙齿的主要成分，也是人体肌肉、神经、血液、细胞液等不可缺少的物质。矿物质无法自身产生、合成，必须从饮食中摄取。人体需要的矿物质分为两大类：常量元素主要有钙、磷、钾、钠、镁等，微量元素主要有铁、锌、铬、锰、铜、碘、硒、氟等，人体缺乏其中任何一种元素都会影响健康。矿物质主要来自水和各种食物，比如肉、奶、蛋、豆类和新鲜果蔬等。

维生素是人体生长发育、代谢过程中必需的有机物质，是维持人体健康的重要营养素，主要来自瓜果蔬菜。人体缺乏维生素，会导致发育迟缓、贫血、牙龈出血、口角炎、神经炎等疾病。

膳食纤维具有润肠通便、调节血糖代谢、脂类代谢等作用，能将肠道内的食物残渣快速挤下，促进废物、毒素等代谢物的排出，能降血脂、控制体重，具有预防便秘、痔疮、肠癌等作用。膳食纤维主要来自粗粮、薯类、蔬菜、水果、坚果、菌类和海带等食物。

水由氢、氧两种元素组成，含有锌、铁、钙、钾、碘等多种矿物质。水是生命之源，是构成血液、唾液、胃液、肠液、胆汁、胰液、关节液、脑脊液、尿液、精液及眼球水状液的主要成分。

科学饮食重在营养均衡

《中国居民膳食指南科学研究报告（2021）》指出，我国居民膳食不平衡问题仍然突出，成为慢性病发生的主要危险因素，高油高盐饮食普遍存在，全谷物、深色蔬菜、水果、奶类、鱼虾类和大豆类食物摄入普遍不足。

科学饮食最重要的是平衡，比如主副食平衡、粗细粮平衡、荤素平衡、寒热平衡、酸碱平衡、五色平衡、四季平衡等。尤其要重视前面三个平衡，精米精面和肉食不宜吃得太多。米面是我们的主食，精米精面虽然口感好，但去除了最有营养的胚芽和人体必需的维生素、膳食纤维、矿物质等，只剩下碳水化合物等供能营养素。精米精面不容易产生饱腹感，长期大量食用会发胖，增加糖尿病、高血压、高胆固醇等风险。一般来说，100斤稻谷脱壳后能出80斤糙米，再去掉米糠层和胚芽后剩65斤；如果再抛光几次，一般只剩50多斤精白米，这样就去除了大量的营养物质。面粉也是如此，所以应适当吃一些糙米、全麦面等粗粮。

食品营养学的铁律是食物本身没有好坏之分，关键要合理膳食、营养均衡，再好的东西也不能多吃。比如，世界公认的好食材胡萝卜、南瓜、柑橘等，吃得太多，大量胡萝卜素进入血液，会恶心呕吐、怠倦乏力、肝肾功能受损；菠菜吃得太多，草酸会干扰钙、锌、铁的吸收，从而形成尿道结石。

营养学家反复提醒人们饮食要全面、均衡，全面就是吃杂食，均衡就是不偏食。合理膳食、营养均衡的方法是“杂食”，食物越多样，营养越均衡。

杂食的好处如下：

一是有利于营养均衡。人体细胞需要10多种常量元素、72种微量元素和18种氨基酸。但是世界上没有哪种或哪几种食物能够满足这么多的需要。保证食物多样化，就能保证营养全面，因为不同食物能够提供不同的营养成分。不挑食是最好的饮食习惯。

二是有利于食品安全。杂食不仅可以均衡营养，而且还可以分散风险。单调的食物不仅带来单调的营养，还会带来相对集中的毒素和污染物。任何东西，多吃无益，少吃无害。有专家说:“什么都吃一些，什么都不多吃。因为什么东西有毒我们难以知道，少吃一点儿，就算有毒其毒量也不会大。”

三是有利于愉悦心情。吃饭不仅是为身体提供营养，也是享受丰富多彩的美食快乐，心情愉快有利于身心健康。

饮食越多样营养越均衡。世界卫生组织建议“天天五果蔬”，即每天吃够五种水果和五种蔬菜。中国营养学会建议每天吃够12种以上食物，每周25种以上。《中国居民膳食指南（2016）》一书中，建议居民每天吃够“10个拳头（或10个网球）”，即1个拳头大小的鱼禽肉蛋，2个拳头大小的主食，2个拳头大小的奶、豆制品、坚果，5个拳头大小的蔬菜水果。

管住嘴，减少饮食伤害

饮食对人的健康起决定作用。吃得健康，身体才健康。现在的食物极其丰富，但其中有很多垃圾食品。这些食品高油、高糖、高盐，采用油炸、熏烤等烹饪方式，还使用各种添加剂，为的是吸引食客。人们如果不能自律，挡不住诱惑，管不住嘴，就会伤害身体。

营养学家告诫人们：人类正用牙齿把自己送进坟墓，好多疾病都是吃出来的。一位从事癌症研究治疗60多年的肿瘤医院专家说，控制不住嘴的人，患癌症的风险就会提升。如我国食管癌患者，主要原因是经常吃烫食、喝烫水、喝烈性酒，爱吃腌、熏、烤制的食物，使食管长期反复受到伤害引起的。近些年我国糖尿病患者增多，这是因为经济发展很快，食物越来越丰富，如果管不住嘴，好事就会变成坏事。许多糖尿病患者过去的饮食习惯是爱吃、会吃、吃得多，吃得多就容易发胖。患病后医生会限制其饮食，这也不让吃，那也不让吃，而且限制的那些往往都是自己爱吃的，这就是自然规律对人的惩罚。

饮食必须尊重科学，懂得节制。所谓尊重科学，就是该吃什么吃什么，而不能想吃什么吃什么。“该”就是符合自然规律和身体需要，“想”就是主观愿望和只顾嘴馋。其包括三点：一是对健康有益的要多吃、常吃；二是对健康无益但爱吃的要少吃、偶尔吃；三是对健康重要但不爱吃的也要吃一些，比如鸡蛋、牛奶、豆腐、杂粮等。有人说想吃什么就吃什么，想吃什么说明身体缺什么，这纯粹是一种误导。难道想吃甜食说明身体缺糖？想吃肥肉说明身体缺油？想喝酒说明身体缺酒精？实际上，一个人只有到生命的尽头时，医生才会说“您想吃点儿啥就吃点儿啥吧”。因此，饮食必须有节制，不让吃的尽量别吃，不让多吃的尽量少吃。

少吃盐。盐是人体必需的物质，但吃盐过多会影响健康，如血压升高、加速动脉硬化等。吃盐越多，钙流失越多，越会导致骨质疏松。世界卫生组织建议：每人每天摄入盐分不应超过5克，相当于一啤酒瓶盖。计算盐量时要把食品和调料中的盐分算进去。比如，一包方便面6克盐，一个咸鸭蛋3克盐，一勺鸡精2.5克盐。如果觉得味淡，可用葱、姜、蒜、醋和辣椒、姜汁、芥末、胡椒等代替盐。

少吃糖。糖的主要功能是产生能量、热量。贪吃甜食皮肤老化快，容易诱发糖尿病、肥胖、脂肪肝等，还容易损害记忆、伤害眼睛。“癌细胞最喜欢甜食”，世界卫生组织提出“戒糖”的口号，强调指出，嗜糖之害，甚于吸烟，长期高糖饮食寿命会缩短10～20年。糖是人体必需的营养物质，“戒糖”不是不摄入糖，粮食、薯类、果蔬等几乎所有食物都含有糖，就连肉类也含有1%～5%的糖。从食物中摄入的糖分已经足够，不需要吃甜食或专门吃糖。

少吃剩饭剩菜。熟食放置时间越长营养流失越多，而且还会污染变质，特别是产生的亚硝酸盐，是导致食管癌、胃癌、肝癌、大肠癌等癌变的重要因素。日常生活中，我们要做到：一是少做饭菜，宁可不够吃也不要剩余；二是估计吃不完的饭菜应提前分装，不要搅和吃剩后再放；三是稍凉甚至还有点儿热时放入冰箱；四是最好加盖存放，避免交叉污染；五是剩饭剩菜下顿吃完，最好别隔顿、隔夜。

少吃加工食物。比如咸肉、咸鱼、火腿、香肠、烤串、炸薯条等腌制、熏制、油炸、膨化食物。加工程序越多越复杂的食物越要少吃。

少吃快餐。快餐是指烹饪好后能随时供应的快捷能量饭食，特点是高油、高脂、高盐、高糖、低纤维、多调味料和添加剂。比如盒饭、方便面、肯德基、麦当劳等。有些外卖，食材质量和加工卫生难以保证。

少吃反季果蔬。通过人工手段给果蔬制造生存环境，用激素等化学物质促进其发育、生长、早熟、保鲜，虽然个头硕大、颜色诱人，但口味较差、中看不中吃。科技让我们一年四季都能吃上各种瓜果蔬菜，但违背植物生长的自然规律，偶尔吃点儿可以调剂生活，经常大量食用则有害健康。古人讲“不时不食”，按照时令来吃东西最有营养，比如春吃芽、夏吃叶、秋吃果、冬吃根。一年四季跟着时令吃，是成本最低、效果最好的养生之道。

少吃香辛料。食用太多香辛料有害健康。肿瘤专家说，桂皮、茴香、八角、花椒、丁香等香辛料具有一定的毒性和诱变性。专家建议，烹饪时偶尔使用可以，但没必要每个菜都放，饮食清淡点儿为好，保留食物自然本真的味道最好。

不吃霉变食物。黄曲霉素是迄今发现的毒性和致癌性很强的天然毒物，1毫克就能致癌。黄曲霉素用开水煮也煮不死。发霉变质的粮食及乳制品中容易存在，还有久泡的木耳、黑作坊的自榨油及未洗净或潮湿发霉的筷子、案板等。

遇到发霉的花生、玉米、黄豆、大米、瓜子及其他坚果，即使吃到嘴里也要吐出来并漱口。

普通食物就是好的补品

先进厨房，后进药房，药补不如食补。药食同源，许多食物既是食物也是药物，食物同样能防病治病。食疗作用比医疗作用大得多，但花钱却比医药少得多，而且省时省力、无副作用。除急症或受伤外，身体不舒服应先从吃、动、睡、休、心等方面找原因及寻对策。有专家指出，未来医生必须会开两张处方：一张是针对病情开具的药方；另一张是膳食营养处方。针对慢性病，发挥营养治疗的作用，将来我们的健康取决于每一天均衡的营养。

不要迷信保健品。保健品本质上属于食品而不是药品，买保健品不如买高质量的食材食物。对电视、网络等宣传的保健品不要盲目跟风，市场上的保健品真假难辨，所以不能盲目食用。专家提醒，健康人没必要吃保健品，慢性病人、年老体弱者等特殊人群可在医生和营养学家的指导下食用。

不要过分夸大食疗的作用。做任何事都不要走极端，一提养生就想到“吃”是一个误区，过度痴迷健康饮食是一种心理疾病。养生是养精、气、神，不只是吃饭那么简单。不要被报刊、网络推荐的“时尚”饮食左右，今天吃这个好，明天吃那个好，要求多吃这个多吃那个。但人的胃毕竟有限，多吃了这个就只能少吃那个，反而造成营养不均衡。再好的食物，吃得太多也会有害。所谓食补，不是专门、大量地吃某一种食物，而是均衡饮食。不要迷信抗癌食物。癌症的发生与多种因素有关，食物只是其中的一个方面，迄今尚无哪项实验结果能够证明，经常吃某种食物就能预防癌症。

认真对待一日三餐

同样是一日三餐，有人吃出苗条身材，有人吃出一身赘肉；有人吃出浑身疾病，有人吃出健康长寿。

早餐是一天中最重要的一餐，是激活一天生命力的燃料，其营养应占全天的30%以上。所以才有“皇帝的早餐，大臣的午餐，叫花子的晚餐”的说法。从晚餐到早餐已经间隔了10多个小时，如果到午餐要间隔十六七个小时，胃里的混合食物排空时间一般为4～6个小时，如果长时间未进食，胃酸会对胃黏膜层造成伤害。经常不吃早餐，会引发低血糖、肠胃病、结石、便秘、贫血、手脚冰凉、免疫力下降等多种慢性疾病。对于女性来讲，早饭比化妆重要，气色比胭脂重要，用买化妆品的钱买好的食材，用化妆的时间吃好早餐，是智慧女性的做法。要想把早餐作为一天中最重要的一餐，就应早睡早起，认真准备食材丰富、营养全面的早餐，从早餐开始一天的健康之旅。

早吃好，午吃饱，晚吃少。“好”侧重质量，为全天提供能量。“饱”侧重数量，同时兼顾质量，为晚饭少吃打好基础。晚餐少吃，但不能不吃，不要轻易打乱长期形成的一日三餐饮食习惯。“晚吃少”不仅是数量少，而且要注意油少、盐少、糖少。现在不少人正好相反，早餐对付或者不吃，午餐凑合，晚餐大吃大喝，长此以往，身体就会出现问题。上班族健康的午餐应该是单位食堂或自带午餐便当，最好不要长期吃外卖或下馆子。晚餐多吃是人类发生疾病和许多疾病久治不愈的重要原因，有句话说“晚餐1/4是给身体的，3/4是给医院的”。

按时吃饭，一日三餐尽量有规律。饮食不规律会使肠胃功能和代谢功能紊乱，导致体重增加、免疫力下降等问题。因为对于吃饭时间的变化，肠胃有个适应的过程。如果早一顿晚一顿，饥一顿饱一顿，有一顿没一顿，饮食毫无规律，肠胃会找不到节奏而无所适从。胃是一个非常尽职、非常勤奋的器官，为了完成每餐消化食物的艰巨任务，它会按时准备大量胃酸迎接食物的到来。如果吃饭没有规律，能够把铁钉消化掉的胃酸会“消化”胃壁而出现胃炎、胃溃疡等疾病。人体器官是非常奇妙科学的，在非进餐时间胃酸为什么不会腐蚀胃壁呢？因为没到吃饭的时间胃酸分泌很少，而且有不断产生的胃黏液和快速更新的胃黏膜等多道防线对抗胃酸、保护胃壁。

一日三餐都应早点儿吃。早餐早点儿吃，不仅延长与午餐的间隔时间，而且有充足的时间从容应对上班，不至于慌慌张张、丢三落四。午餐早点儿吃，有利于午休。晚饭与睡觉之间最好间隔4个小时，有利于夜间休息。

节制饮食，吃七八分饱。有句话说：“人生食量有定数，谁先吃完谁先走。”中外大量研究表明，少吃能增强免疫力，减少脑梗、心梗等疾病。在满足生理需求的情况下，吃得越少寿命越长。现在影响人们健康的问题之一是吃得太多，好多疾病是“撑”出来的。所谓七分饱，大体就是似饱非饱，虽然已经不饿，但还没有满足，在下顿饭前稍有饥饿感。但需要注意的是：在保证营养前提下的七分饱，数量减下来，质量要上去，否则会营养不良。

细嚼慢咽，专心吃饭

“食不言，寝不语”。吃饭时尽量少说话，尤其是不要高谈阔论，否则既影响进食和消化，也不卫生、不礼貌。细嚼慢咽，提倡每口饭咀嚼20～30次。细嚼慢咽、专心吃饭有很多好处。

一是有利于消化。食物在嘴里嚼得越碎，越能增加食物与胃肠道的接触面，越有利于消化吸收。

二是控制食量。细嚼慢咽可以延长进餐时间，使大脑及时捕捉到“吃饱”的信息。如果狼吞虎咽，胃部把饱感传到大脑有个时间差，等到大脑感觉吃饱时已经吃多了。如果吃饭心不在焉，比如说话、上网、看电视、玩手机，就很难体会到七分饱的感觉。

三是增加唾液。唾液是杀菌防癌利器，有消化、润滑、冲洗、稀释、抗菌、止血、治伤、抗衰老等作用。食物中的致癌物谁也避免不了，但经过反复咀嚼，唾液里的很多酶可以消灭绝大部分致癌物。

四是有利于安全。吃饭时狼吞虎咽或精力不集中，容易发生呛咳、卡喉等问题。呛咳会把食物及细菌病毒吸进气管、进入肺部，引起吸入性肺炎等严重后果。鱼刺卡喉会引起喉部水肿，甚至导致窒息死亡。尤其是老年人，一怕跌倒，二怕呛咳。随着年龄的增长，喉部肌肉渐渐松弛，喉头会厌部无法正常闭合，进食时饭粒汤水容易进入气管而导致呛咳，呛咳会引发窒息、肺部感染、血压飙升等，严重时会导致死亡。不论老小，吃饭时都要集中精力、专心吃饭，养成小口慢嚼、细嚼慢咽的好习惯。

五是有利于卫生。人在说话、谈笑时，唾沫星子能喷出几十厘米，更小的颗粒气溶胶能传播几米远。吃饭说话不仅影响进食、容易呛咳喷饭，而且唾沫星子会喷到菜盘里，成为细菌传播的重要途径。

少聚餐，实行分餐制

聚餐是典型的“病从口入”，是最广泛的细菌病毒传染途径，因此要严格实行分餐制。为了避免细菌病毒交叉感染，不论在家吃饭还是在外吃饭，都应分餐和使用公勺公筷。在家共餐，一人感染，全家遭殃。在外共餐，一人感染，全桌遭殃。分餐制是避免甲肝、戊肝、伤寒、幽门螺旋杆菌感染等病的有效措施。世界卫生组织认定，幽门螺旋杆菌是胃癌的第一类致癌源，其感染者患胃癌的可能性比正常人高65%以上。中医讲“十人九胃病”，其原因与吃什么关系不大，罪魁祸首就是幽门螺旋杆菌。

在我国，传承千年的共餐文化根深蒂固，改变起来需要有个接受和适应的过程。只有让大家认识到分餐、公筷的重要性，才能自觉改变不好的用餐习惯，否则人们会感到麻烦、见外。一场新冠肺炎疫情让我们迅速形成戴口罩的习惯，充分体现了我国国民严守纪律的高度自觉，相信推行分餐、公筷也能很快形成自觉。

重视食物加工过程的健康

食物的烹饪过程越复杂，用的调味料种类越多、量越大，产生的有害物质会越多，营养流失也会越严重。烹饪过程越简单、越保持原味，食物越有营养。食物致癌多数是人为因素造成的，而不是食材本身，比如油炸、爆炒、烧烤、熏制、腌制等。

烹饪方法多用蒸、煮、炖、焖、氽、拌。蒸比煮好，比炒更好。蒸着吃是保留食物营养最好的办法。在高档餐厅，越是高品质的食材越会选择清蒸。健康专家提倡“无菜不蒸”：任何食物都可以蒸着吃。不仅可以蒸南瓜、红薯、毛豆、玉米等，胡萝卜、土豆也可以切丝蒸，叶菜切段蒸，肉类切片腌制后裹面糊蒸。易熟的菜品放下面，不易熟的肉类放上面，大部分菜蒸15分钟即可。吃时蘸盐、醋、蒜泥、酱油、香油、胡椒、芥末、芝麻酱等自己喜欢的调料，既方便省事、控制油盐、保护营养成分，又避免煎、炒、炸时油烟和食物中致癌物的产生，让厨房也更加干净卫生。

要认真清洗水果蔬菜等各种食材。经反复实验，果蔬先在温水中浸泡10分钟后再用清水冲洗，残留有害物可去除50%以上；而用冷水直接洗，只能降低10%～15%的农药残留。在果蔬清洗时，浸泡一二十分钟即可，长时间浸泡会将农药残留重新吸附。

少用塑料制品接触食物。几乎所有塑料包装都有雌激素类似物析出，只是量的大小不同，这类雌激素在人体内长期积累会危害健康。尽量多用玻璃、陶瓷和不锈钢餐具，尽量少用一次性餐盒、杯子。尽量少用塑料袋、塑料餐盒装熟食，尤其是滚烫食物。尽量缩短在一次性餐具和塑料袋中存放食物的时间，用塑料袋买回的食物应尽快更换健康餐具。

使用冰箱应趋利避害。冰箱的两大危害：一是滋生细菌。据检验测试，冰箱每平方厘米可有上千万个细菌。二是营养流失。菠菜在冰箱存放一天维生素流失40%，黄瓜存放一天维生素流失30%，鱼和肉冷冻3个月营养流失20%～30%。鸡鸭鱼肉和各种果蔬都讲究新鲜，食材尽量少量多次购买，常吃常新，注意保质期。冰箱应减少存量、缩短时间、经常清洁。从这个意义上讲，冰箱越空说明你家的生活方式越健康。

重视饮水质量

水是生命之源，是构成血液、唾液、胃液等体液的主要成分，人体的70%是水。人体由百万亿个细胞构成，每个细胞不仅需要水分，而且必须“浸泡于水”才能得以成活。随着水慢慢流遍全身每个角落，能量饱满的细胞才能正常工作。水负责代谢运输，将各种营养物质送到每一个细胞，没有它，所有营养物质就像干枯河床上的泥沙；同时，水通过尿液、粪便、汗液、泪液等将代谢废物排出体外，没有它，人体就会变成充满毒素和废物的垃圾场。水是体温调节系统的重要组成部分，通过出汗带走体内热量来保持体温。

人体内的水分主要有3个来源：饮水、食物水、代谢水（营养物质在机体内氧化所产生的水）。健康成人每天需要补充水分大约2500毫升，其中，饮水占50%，约1250毫升；食物水分占40%，约1000毫升；体内代谢产生的水占10%，约250毫升。人体每天出水大约也是2500毫升，其中，肾脏排尿占60%，皮肤出汗占20%，呼吸排出占14%，大便排出占6%。如果吃果蔬少、喝稀饭少，食物中摄入的水分往往达不到1000毫升，而且食物中的水分不能完全代替饮水。所以建议成年人每天饮水1500～1700毫升，约8杯水。茶水、饮料、咖啡、啤酒等，不能代替白开水。

要多喝水、频喝水。多喝水就是每天补充足量的水，频喝水就是少量多次喝水。中老年人更应重视喝水，坚持经常小口喝水，不要等渴了以后再喝水。人老的过程，就是失去水分的过程。人到中年以后，口渴的感觉会逐渐迟钝，身体的水分会越来越少，躯体会越来越干瘪。尤其是65岁以上的人对口渴越来越不敏感，更要注意有意识地喝水。喝水也是“用进废退”，平时喝水比较多的人，口渴感比较敏锐，甚至经常会不由自主地想喝点儿水；如果长期不爱喝水，口渴感会越来越迟钝，越不喝越不渴、越不想喝。

以自来水为主，喝多种水。饮水和吃杂食是一个道理，如果有条件的话喝多种水。一是有利于让营养成分更加全面；二是避免受到一种水的伤害。

目前主要有以下几种饮水方式。

一是自来水。水源经过沉淀、吸附、过滤和消毒，将合格的水经管网送到用户，但在管道输送中会产生二次污染。比如，有的老旧管道已用几十年，管壁腐蚀，结垢严重；高层楼房在二次加压过程中，水经管道进入小区水池或水箱后，多由小区物业管理，如果水池水箱清洗、消毒、加盖等工作不到位，会又一次形成污染。不过现在已经有了无负压变频供水设备，利用市政管网的压力，形成全封闭连续接力增压供水系统，从水厂直接为用户供水，避免了经过水池水箱等二次污染。

二是市场上卖的矿泉水。不论桶装、瓶装，由于大多是人工制造，所以基本不具备天然矿泉水应有的功能。

三是市场上卖的纯净水。在去除污染物的同时，也去除了人体必需的多种矿物质，失去了水的营养功能，所以不宜长期饮用。

四是家庭安装自来水净化设备。在发达国家普及率很高。但产品质量要有保证，滤芯要经常清洗并定期更换，如果做不到这些，其效果适得其反。

有专家认为，如果当地的自来水能达到卫生标准，喝烧开的自来水最好，既安全又实惠。在天然水、纯净水、自来水不能保证质量的情况下，以自来水为主，喝多种水较为安全。

舍得花钱喝点儿"好水"。民以食为天，食以水为先。人体血液中90%是水，所以有"换水如换血"的说法。世界卫生组织认为，人类80%的疾病与水的污染有关。现实中，人们往往舍得花钱买食品，甚至花大钱买保健品，却不重视在饮水质量上花点儿钱，这种现象亟须改变。

排泄通畅，身体健康

人体不断摄入大量食物，就会不断排出大量废物。人体靠大便、小便、呼吸、出汗等途径来排出废物。大小便是人体新陈代谢、排出废物的主要途径，二便通畅是身体健康的重要保证。

便秘是万病之源。如果食物残渣不能及时排出体外，粪便里的毒素会反复被肠道吸收。人体衰老和生病的一个重要原因是肠源性毒素进入血液，破坏组织器官功能。肠内的食物残渣是结肠功能失调的罪魁，结肠功能失调是导致人体免疫系统不能正常运作的祸首。人体70%的免疫力来自肠道，免疫系统失灵使人体不能有效预防各类疾病入侵，导致生病或者死亡。国外医学界有句名言："死亡结局始于结肠。"长期便秘会引起焦虑、口臭、色斑、痔疮等问题，排便过于用力还可能引发心脑血管意外。所以说千保健万保健，首要任务通大便。要想健康长寿，一定要保持大便畅通。

成人的肠道长6.5～8.5米。牙齿把食物嚼碎后进入胃，通过胃液和胃的蠕动消化，让食物变成糊状进入小肠，小肠继续消化并吸收其营养后，食物残渣进入大肠，大肠把所剩无几的营养和水分等有用的东西继续吸收，最后形成粪便排出体外。为了扩大吸收面积，5～7米长的小肠表面充满褶皱，即使每天排便，也会有不少食物残渣滞留在这些褶皱内，食物在体内高温环境和细菌的作用下发酵、腐败、变臭。高度腐败的食物残渣，如果不断累积在肠道内，停留的时间越长，吸收的有害物质越多，当然对机体的危害也越大。

便秘的原因，除了与全身性疾病、肠道疾病、气血不足、肠龄老化以及精神紧张、压力过大等情绪因素有关外，与饮食过于精细、进食量过少、蔬菜水果吃得太少、喝水太少、运动太少、憋便、排便不规律等密切相关。从字面理解，便秘的“秘”是少的意思。肠道内食物残渣太少，水分和纤维素不足，形不成对肠道的刺激，削弱肠道蠕动的推动功能，再加上缺乏运动，食物残渣在肠道内下行缓慢，水分不断被肠道吸收，使粪便又少又干又硬。

要及时排便，不要憋便。人的直肠在一天中有几次收缩的时间，一收缩就有便意。如果老是忍着便意或不规律排便，慢慢地便意就会越来越弱、越来越少，以致不再给人体发出信号，于是人会一两天甚至三四天也不再有排便的感觉，直到肠内粪便大量堆积时才会被迫排便。由于憋便时间太长，粪便中的水分越来越少，粪便越来越干结，所以排便会越来越困难。有的人几天甚至一周排一次大便，长此以往会增加患肠癌的可能。健康的排便次数应为每天1 ～ 2次。因为正常情况下，食物在体内停留12个小时左右，也就是说早饭的食物残渣，应该在晚上排出，最晚次日早上排出。缩短粪便在体内的滞留时间，避免有害菌在肠道内的过度发酵滋生，等于减轻毒素对机体的危害程度。

养成定时排便的习惯。便意是可以培养出来的，可以选一个相对固定的排便时间来培养形成，到时无论有无便意都要坚持如厕，即使没排出来也要按时去蹲厕，逐步形成排便生物钟反应。人们有这样的体会：如果因工作太忙等原因，错过原来形成的排便时间，可能一天都不再想排便。所以，一定要抓住一天中便意最强的时刻及时排便，便意一般只会持续几分钟，一旦错过就很难再捕捉到。

排便的最佳时间是早晨。因为早晨5～7点大肠经最旺盛，推动大便蠕动的气最充沛，直肠收缩也最强烈、最密集，排泄物最容易排出体外。此时如果不起床、不活动或忍便，会错过便意最强的时间。早晨排便是一个非常好的习惯，如果能够坚持每天早晨排便，对健康非常有利。排便时要注意力集中，在厕所玩手机、看报纸，不仅影响排便，而且不讲卫生。

老年人更要防止便秘。随着年龄的增加，老年人食量减少，活动减少，身体水分减少，胃肠道分泌物减少，肠管的张力和蠕动力减弱，腹腔和盆底肌肉乏力，肠道敏感性下降，再加上推动排便的气血越来越不足，所以更容易便秘。由于排便过于用力，有的老年人发生心脑血管意外而倒在马桶上。泻药只能短期、临时使用，不可长期服用。开塞露为非生理性促便，也不可长期使用，否则会弱化、丧失肠道自身应有的蠕动促便功能。

小便健康的3个指标：一是尿液淡黄透亮；二是排尿不费力；三是有尿憋得住。一般来说，每天排尿6～7次为正常，白天5～6次，晚上1次。不要憋尿，如果3～4个小时不尿，即使没有尿意也要去试着尿。研究发现，膀胱癌的发生与饮水少、排尿少有关。如果饮水少、老憋尿，浓缩的尿液会在膀胱里长时间滞留，不仅造成膀胱损伤和结石，加速膀胱内细菌繁殖，而且尿液逆行进入输尿管和肾脏，会引起肾脏积水和感染，损害肾脏功能，严重的甚至导致肾衰竭。

第三章　身动心静，百病不侵

人类从奔波狩猎和攀爬采集食物的生活中进化而来，运动是最基本的生存法则。随着经济发展和科技进步，我们的物质生活越来越好，但体力劳动却越来越少。吃多动少让高血压、糖尿病、肥胖症等慢性病越来越多。所以，现代生活更需要运动锻炼。运动可以促进新陈代谢和血液循环，增强免疫力和心肺等各器官的功能；预防心脑血管疾病，“动”是防控血栓的有效措施；促进肠胃蠕动、食物消化、营养吸收和排便通畅；控制体重，保护关节，预防和缓解骨质疏松；促进生长发育，预防肌肉萎缩；丰富生活，愉悦心情，缓解压力，改善睡眠，远离抑郁，保持年轻心态等。

久坐易伤身

在走、站、坐、睡四种姿势中，久坐对身体的伤害最大。比如，久坐伤心，使心脏功能衰退，导致心肌萎缩，血液循环减慢，诱发心肌梗死、脑血栓、肺栓塞等；久坐伤肺，长时间的浅呼吸，让肺部得不到锻炼，肺活量变小，肺功能变弱；久坐伤肠胃，由于肠胃蠕动减弱，不仅导致食欲不振、消化不良、营养缺乏，而且食物残渣在肠道长时间滞留，增加患肠癌风险；久坐伤骨，长时间坐着不动，造成腰酸背痛、椎间盘突出、颈椎病、下肢静脉曲张、骨关节僵硬变形；久坐伤肉，造成肌肉萎缩，脂肪增加，臀部变大，衰老加剧；久坐伤免疫力，人体免疫细胞的数量随活动量的增加而增加，久坐的人免疫力会下降。

世界卫生组织指出，人连续4个小时不运动，就会增加患静脉血栓的风险。如果长时间保持一个姿势，会使颈椎僵硬、肌肉收紧，导致冠状动脉平滑肌痉挛，因心肌缺血而导致心梗。曾有个外国歌手乘坐飞机十几个小时，到达目的地走出机舱时发生猝死。经尸体解剖证实，其死因是心肺血管内大量血凝块所致栓塞，这些血凝块来自下肢静脉。由于长时间屈腿静坐，造成下肢血流不畅形成血凝块。当飞机落地人开始走动时，这些血凝块迅速进入心脏和肺部血管，引起心肺大面积栓塞致死，医学上称为“深部静脉栓塞症”“经济舱综合征”。这也提醒我们在乘车、乘机或静坐时，切勿屈腿静坐时间过长，应起身活动、变换双腿姿势或做勾绷脚动作，防止静脉血栓形成。

用进废退

“用进废退”的观点最早是法国生物学家拉马克提出的，他说：“生物体的器官经常使用就会变得发达，而不经常使用就会逐渐退化。”

英国生物学家达尔文在《物种起源》一书中讲道：“在生物进化的漫长过程中，用进废退的原则一直发挥着作用。其具体表现为：当物种频繁地使用某种器官时，这种器官的功能就会加强；反之，如果某个器官的利用率较低，则这个器官的功能就会退化。有些动物的器官会因为使用而得到加强并增大，因为没有使用而衰退并缩小。长颈鹿是世界上脖子最长的动物，然而它们祖先的颈和腿原本并不长，是在后来的取食过程中才慢慢形成了长脖子。”

因为长颈鹿喜欢吃树梢上的嫩叶子，所以总是拼命往上够，逐步进化为长脖子、长腿。又如家鸡、家鸭，由野鸡、野鸭进化而来，因为家养后不用飞行去觅食，使翅膀逐渐短小且功能退化，最终失去飞行能力。

用进废退是普遍规律。人体的各个器官如果老是不用，也会退化而逐渐失去功能。比如，不加强走路锻炼，腿脚的力量会越来越弱，双腿的肌肉会逐渐萎缩；如果光喝稀饭，牙齿会丧失咀嚼能力，胃功能也会加速退化；人的大脑越用越灵活，越不用越迟钝；在热的环境中可以锻炼耐热能力，在寒冷的环境中可以锻炼耐寒能力；等等。这些都是用进废退规律的作用。

快走是最好的有氧运动

有氧运动简单讲，就是低强度、有节奏、持续时间较长的运动，是指人体在氧气充分供应的情况下进行的体育锻炼。比如快走、慢跑、游泳、骑自行车、五禽戏、八段锦、太极拳、健身舞、韵律操等。

无氧运动是指在运动过程中，由于运动剧烈，运动中所需要的氧气不能满足机体需要，这时机体会通过无氧酵解的方式来应对能量供应的不足，因此会在机体产生过多的乳酸，导致肌肉疲劳甚至造成肌肉、关节酸痛。它的特点是运动强度大，持续时间短，属于剧烈的竞技运动。如赛跑、举重、投掷、跳高、跳远、拔河、肌力训练等较剧烈的运动形式。其实有氧运动与无氧运动没有具体明确的界限。

有氧运动是运动的首选方式，走路是世界公认的最好的有氧运动。走路健身有太多的好处。比如，简便易行，不需专门的器械和场所，容易坚持；相对安全，老少皆宜，不剧烈，对关节损伤不大，运动强度容易控制；可以让全身肌肉、筋骨动起来，锻炼更全面；促进血液循环，增强血管弹性，是简便的“血管体操”；促进新陈代谢，增强心肺等脏器功能，消耗多余脂肪，预防“三高”；促进食物消化吸收和肠胃蠕动，预防和缓解便秘；刺激脚底穴位，舒筋通络，锻炼腿部肌肉力量，强健腿脚；户外运动，呼吸新鲜空气，沐浴阳光，舒畅心情，缓解压力等。

对于中老年人来说，锻炼腰腿和心肺最好的方式是走路，多动腿脚是护心法宝，有助于将下肢的静脉血送回心脏。对于心血管疾病患者，走路是极好的锻炼方法。

走路锻炼要集中精力，迈开步子，有节奏地摆臂行进；要达到中等强度，用力但不吃力，微微出汗；要感到心跳和呼吸加快，有点儿气喘，能说出一句完整的话，但不能唱歌。步行锻炼时别讲话，边走路边讲话耗损精气，尤其是不要高门大嗓。如果想与人说话，应该停下来说。

人老先从腿脚起

双腿就像人体的承重墙，身体70%的活动和能量消耗要由腿脚来完成。一个身体健康的人，坚实的骨骼，灵活的关节，强壮的肌肉，畅通的气血，四项缺一不可。双腿健康，经络传导才能通畅，气血才能顺利到达各个器官。将双腿的血液抽上来，心脏要费很大的力气，所以“双腿决定心脏健康”“双腿是人的第二心脏”。双腿强劲的人，必然有一颗强有力的心脏。

人老腿先老。人老后，不怕皮肤松弛、头发变白，就怕腿脚不灵便。腿是健康的“报警器”，双腿的状况反映身体的状况，人老先从腿力下降开始。看人老不老，先看走和跑。能走腰腿壮，能跑心肺好。人老后，如果两腿仍然发暖、有力，走路步履稳健、行走如风，是长寿的征兆。

走路、踢腿、晒太阳、暖腿脚、揉腿肚、揉双膝、甩小腿、“金鸡独立”等，都是健腿的好办法。比如踢腿，可以缓解静脉曲张，双手叉腰或手扶栏杆，左右腿互换向前踢，每天坚持必有效果。

脚是人体健康的总根，长寿始于脚。人的筋之根在脚部，脚部的筋越柔软，人就越健康。脚底是打开全身健康的一道秘门，其60多个穴位与人体五脏六腑、各个器官密切相关。泡脚、按摩脚、搓脚心、敲脚底、动脚趾、踮脚走路、摇晃双脚等，都是健脚的好办法。

多做踝泵运动。踝关节俗称脚腕子，通过勾绷脚，像水泵一样促进下肢的血液回流，预防腿部深静脉血栓形成。其做法是：用力勾脚5～10秒后再用力绷脚5～10秒，反复进行，躺下、坐着或乘车乘机时都可进行。

保护好膝关节。膝关节是人体关节中最重要的关节之一，是人体最复杂的关节。膝盖最怕用得太狠，人老腿先老，首先是膝关节老化。膝关节磨损难以修复，只能置换。人类从爬行到直立行走，虽然解放了双手，但是付出了巨大的代价，膝盖等关节饱受“直立之苦”，奔跑、快走或劳动时，下肢承担的压力超过体重的几倍。

半月板是膝关节中一层光滑坚韧而富有弹性的软骨，是人体非常重要的软骨，在膝关节中起润滑减震、稳定保护关节、维持关节灵活性等作用。半月板没有血管供应血液，主要靠膝关节活动产生关节液来滋润濡养，保护膝关节其实主要是保护半月板。

人在35岁以后骨关节开始退化，膝盖的软骨也会因为润滑液减少而出现磨损。一般来说，60岁以上的人近八成膝盖软骨已磨掉一半。因为膝盖软骨没有神经通过，不会引起明显痛感而容易被忽视。中年以后如果继续剧烈运动，比如过度行走、身体过重、负重过大等，都会加速软骨磨损。年轻人负重行走是锻炼，老年人负重行走是伤害。膝关节退化、磨损不仅疼痛，而且还会造成罗圈腿，医学上称膝内翻。罗圈腿会加剧膝关节疼痛，使活动受限，严重时还会引起髋关节、踝关节病变，给老年人的生活带来极大困扰。老年人如发现有罗圈腿的迹象，要及时就医。

重视肌肉力量锻炼

锻炼身体不仅是走路、跑步、游泳、打球等运动，肌肉力量锻炼和身体柔韧性锻炼都很重要，三项缺一不可。肌肉衰减大约从35岁开始，并随着年龄的增加衰减速度加快，60岁以后肌肉减少约30%，80岁后减少约50%以上。肌肉衰减的主要原因是年龄增大、营养失衡和缺乏锻炼。肌肉减少症是人体肌肉质量和力量的减少，它会影响人体的正常功能，使老年人站立不稳、步履缓慢、容易跌倒。

肌肉也是用进废退。一个人拥有多少肌肉，主要看其用不用肌肉，常用就可以增加肌肉或延缓肌肉衰减。肌肉一旦衰减，其逆转性很差，恢复起来比较困难，不像脂肪。人体的骨骼和肌肉，都需要一定强度的持续运动才能保持良好状态，增加肌肉、保住肌肉主要靠阻抗运动、力量锻炼和补充蛋白质。有研究发现，无论是年轻人还是老年人，只要两个星期不运动，腿部肌肉的力量就会削弱1/3。因病卧床一段时间的人，初次下床时不仅不能走路，连站都站不稳。

锻炼身体要有氧运动与力量锻炼相结合，并随年龄的变化有所侧重。不同年龄段有氧运动与力量锻炼的比例为：30岁时8∶2，40岁时7∶3，50岁时6∶4，60岁时5∶5。就是说，随着年龄的增长，有氧运动减少，力量锻炼增加。比如到60岁时，一半时间走路锻炼，一半时间力量锻炼。不一定要到健身房锻炼，哑铃、拉力器、俯卧撑、下半蹲、手提物品等，都是肌肉力量锻炼的好办法，锻炼强度以肌肉出现适度疲劳为宜。

握力锻炼。握力是健康的“晴雨表”，握力越大越健康。中医理论认为，十指连心，双手布满敏感穴位，手的握力与肝经关系密切，握力越大，肝气越足，寿命越长。因为肝主血，出生时肝气最足，去世时肝气散尽。所以婴儿总是紧握拳头，而人去世时双手一摊“撒手人寰”。西方医学也认为，70岁以上的老人，手的握力越大越长寿。

拉筋锻炼。“筋长一寸，寿长十年”。“筋”是中医所指的广泛分布于全身各部位的经络，现代医学包括肌肉、肌腱、韧带、腱膜、血管等。除了骨头，身体软组织部分都属于“筋”的范畴。中医认为，每个人身上都有一条大筋，从颈部开始引向背部、腰部、大腿、小腿至脚心。筋的基本功能是通过伸缩，牵引关节做出各种动作。筋柔软，则气血顺畅。筋僵硬，则气血阻滞。

筋的老化是人体衰老的重要标志，长寿者通常都有一副柔软的筋骨。幼儿可以轻松啃到自己的脚丫子，而年纪大的人弯腰系鞋带、剪脚指甲都困难，就是筋缩了、老化了，弹性差了。

人体衰老、久坐不动都会导致筋缩。筋的缩短、僵硬会使人的活动受限。比如，腰部筋缩，腰杆僵直，弯腰、转腰不灵活；腿部筋缩，腿脚抬不高，步子迈不大，碎步行走甚至脚底摩擦地面，长短腿，蹲不下；胳膊筋缩，胳膊僵硬，伸屈、抬高困难，背部瘙痒时只能用“老头乐”。好多腰疼、腿疼、胳膊疼、脖子疼等都与筋缩有关。

拉筋运动不需特定的动作，想办法尽可能地舒展自己的身体各部就行。比如，伸懒腰、广播操、太极拳和瑜伽动作等；坐在床上，两腿并拢伸直，上身向前倾，两手尽力去够脚尖；两腿绷直站立，两手下垂，弯腰够脚尖；吊单杠或利用一些小型拉筋器械锻炼等。拉筋锻炼要先热身后拉筋，动作要舒缓温和，用力适当，循序渐进，不可猛拉猛压或让别人施加外力，防止肌肉和韧带撕裂损伤。年纪大的人或“三高”人群，坐床够脚趾、弯腰够地面等动作要慎做，防止血管发生意外。

做适合自己的运动

适合自己的运动，基本标准有4条：一是结合自己的年龄、性别、体质等实际；二是运动时感到快乐；三是运动后感觉不难受；四是经过一段时间的坚持，自我感觉体质有所增强。

运动的真谛是通过多种运动形式，让身体从头到脚、从内到外各个部位都动起来。只有让全身上下动起来，人体气血才能畅通。除了走路、跑步、打球、游泳、骑自行车等运动外，配合一些小运动效果更好，比如发常梳、目常运、鼻常搓、齿常叩、舌常搅、耳常捏、面常浴、脖常动、腹常摩、腰常转、肩常摇、背常捶、肛常提、肢常伸、手常抓、腿常抬、膝常揉、脚常踮等。

比如脖常动。颈部是连接头颅与躯干的“生命线”。一位日本神经外科专家说，全部疾病的根源在于颈部。颈椎最怕低头不动，经常低头办公、低头看手机等会使脖子僵硬，导致颈椎病。颈椎病会造成脊髓、神经压迫和供血不足。心脑血管疾病、阿尔茨海默病、肢体麻木、头晕、失眠、便秘等诸多问题都与颈椎病密切相关。颈部是人体一个脆弱的部位，颈部运动要讲究科学方法，活动脖子时不可猛晃猛转。

又如腹常摩。腹部有五脏六腑，摩腹促进气血运化，增强肠胃功能，提高免疫力。腹部柔软，百病不缠。每天早晚或饭后摩腹，两手相叠，以肚脐为中心，缓慢地大面积摩揉，轻重适度，贵在坚持。

做任何运动，包括上述这些小运动，都应掌握科学的方法，不可盲目进行，否则会伤害身体，甚至危及生命。比如血管就不可以随便按摩、敲打，防止斑块脱落。

运动项目不要频繁变换，也不要长期只做一种运动项目。比如不要只跳舞、走路、打乒乓球等，避免单一运动造成的身体局部损伤和全身运动不足。将多种运动交替进行，运动、活动、家务、按摩相结合，形成一套适合自己的运动方法并长期坚持。此外，做一些自己不擅长的运动，对强身健体更有益处。

人活在世上，一定要有自律意识和吃苦精神，不论男女老少都应重视运动锻炼，生命不息，运动不止。长期缺乏锻炼，人体的组织器官机能就会不断下降。即使行走不便甚至卧床，也应力所能及地活动身体，缓解身体机能的衰退。

把握运动强度

运动强度是指运动对人体生理的刺激程度。运动需要强度，强度够了才能触发人体的潜在机能和健康素质的提升。把握运动强度，既要防止运动不足，又要避免运动过度。

运动强度大体区分为如下4种。

一是极轻度运动，比如看书、打字、玩牌等。

二是轻度运动，比如短距离散步、站立、做饭、洗衣、打扫房间等。

三是中度运动，比如快走、慢跑、跳舞、打乒乓球、较重的家务劳动等。

四是重度运动，比如快跑、爬山、打篮球、重体力劳动等。

衡量运动强度最直观的表现是心率快慢，心率是比较准确、稳定地反映运动强度的重要指标。有一种简单算法是170减去年龄，比如60岁的身体健康者，运动心率达到每分钟110次效果才好。运动时能够轻松自如地说话或唱歌，说明运动量太小。如果上气不接下气、说不出完整的句子，说明运动量太大。能说出完整句子但不能唱歌，说明运动量恰好。如果下次运动前疲劳还不能消除，甚至身体出现种种不适，说明运动过量。

健康的人每天最好有点儿微微出汗和“上气不接下气”的时间，有利于通经活络、燃烧脂肪、锻炼心脏和增加肺活量。德国运动医学家发现，在所有运动选手中，唯独马拉松选手没有患癌症的病例，后经研究发现，马拉松选手从大量的汗水中排出了更多的铅、镉、铜等重金属。人的汗液里重金属含量大大高于尿液，比如100克汗液中含有铅84微克，而尿液中只有5微克，所以人要让自己经常出点儿汗。

任何运动项目都有其适合的强度、频率和幅度，不能超过机体细胞所能承受的限度。许多运动员不长寿，因为其运动强度超过了身体正常的承受限度。人的生命能是有限的，生命能的消耗速度决定人的寿命。维持健康的身体，不仅需要“增收”，而且需要“节支”，虽然运动可以促进气血畅通，但同时也在消耗人体气血。人的身体就像一部机器，长期不动零部件会生锈老化，动得太狠零部件会加速磨损；动得太少气血瘀滞，动得太多心脏太累。适度运动延缓衰老，过度运动加速衰老。

运动贵在坚持

行为学的研究表明，人在做某一件事情时，坚持3个星期就会形成初步的习惯，坚持3个月会形成稳定的习惯，坚持半年就能形成牢固的习惯。运动锻炼关键在坚持，健身效果是锻炼痕迹不断积累的结果，不可急于求成，不能“三天打鱼两天晒网”。要让运动锻炼与吃饭、睡觉一样，成为一种生活方式和生活习惯。

偶尔锻炼伤害身体。习惯静坐生活的人，突然进行剧烈活动，发生急性心梗的风险会大大增加。科学家进行多次实验，把刚出生的兔子关在笼子里喂养，限制它们的运动，待它们长大后，外貌看似发育正常，但一放到野外，兔子跳了几下就因心脏破裂而死亡。所以，运动锻炼不仅要坚持，而且要循序渐进。平时不锻炼的人，不要突然进行高强度锻炼，“平时不跑，周末猛跑”的习惯很危险。上班5天基本不运动的人，身体已适应了静止状态，如果周末突击锻炼，会打破已经形成的机体平衡，其效果比不运动还差。

把运动健身寓于日常生活之中，充分利用零星时间进行碎片化运动。比如，刷牙时踮脚、提肛；看电视时按摩、梳头、叩齿、站立、举哑铃、蹲马步，电视播放广告时转眼球等；办公室换一把无高靠背、无厚软垫的不太舒服的椅子。上班族如果没时间锻炼，可利用上下班步行锻炼，近的走路上下班，远的提前两三站下车步行。

多位中外医学、健康专家认为，做家务是一项均衡的健身运动。研究表明，逛街购物、做家务比去健身房锻炼的效果更好。带孩子、做饭洗碗、打扫屋子、手洗衣服、小修小理、搬运物品等家务活，都是很好、很全面的运动锻炼项目。经计步器测试，形影不离地带两三岁的孩子，一天到晚超过1万步。有位宝爸给2岁孩子身上挂一个手机，一天下来数字是25240步。一个100平方米大的房子，认真扫地、拖地、擦桌子、整理物品和做饭洗碗等消耗的热量，相当于慢走2小时8千米，或快走1小时7千米。在现实生活中，有的人上二楼坐电梯，出门两千米也要开车，甚至开车去离家不远的健身房“健身”。洗衣机、网购、外卖等虽然方便了生活，节省了时间，减轻了人们的体力劳动，但对于自律差的人来讲并不是一件好事。

多到户外活动

从健康角度讲，在空气质量好的情况下，户外环境比室内环境好得多。人要多亲近大自然。人体是一个导体，经常吸收静电。当人体静电积存过多，又没有办法放电时，静电会在身体内作怪，影响人体内分泌，干扰人的情绪，产生莫名其妙的疾病。人应该经常与大地有“肌肤之亲”，将静电释放到大地中去。

空气负氧离子是地球上维持生物健康的重要物质，它可以调节人的中枢神经系统，改善大脑皮层功能，促进新陈代谢，增强造血功能和肺的换气能力，提高人体免疫力，被誉为“空气维生素”。瀑布旁负氧离子浓度最高，每立方厘米空气中约有30万个，在森林里约有5000个，山林、海滨约有2500个，农村原野约有1000个，城镇户外约有600个，室内只有300个，楼宇办公室在40～50个，在冬季密闭的房间里只有不到20个。负氧离子太少，人会感到头昏脑涨。人们在瀑布旁、大海边或湍急的溪流边会感觉特别清爽、舒服、开心，就是因为有大量的负离子沁入身心。在公路上吸入太多汽车尾气，或在拥挤的汽车站、火车站时，会感觉很不舒服，是因为吸入大量正离子。世界卫生组织规定，清新空气的负氧离子标准浓度为每立方厘米空气中有1000～1500个，相当于农村原野的负氧离子量。所以人要多到户外，多到负氧离子多的地方活动。即使到不了外面，在家也应多开窗户。

多进行深呼吸锻炼。一个人每天要呼吸1万多升空气，90%以上的成人不会有意识地调节呼吸。深呼吸即腹式呼吸，浅呼吸即胸式呼吸。常坐办公室等缺少运动的人，平时仅用浅呼吸，很少用深呼吸，大多数人一生中只使用了肺细胞的1/3。

肺是机体内外气体交换的主要场所，用进废退，如果呼吸又短又浅，使大部分肺细胞长期闲置不用而逐渐失去活性，肺活量越来越小，肺功能越来越差，抵抗肺炎的能力会变差。浅呼吸使空气不能深入肺叶下端，导致换气量小，通气不足，使新鲜氧气进不去，体内二氧化碳出不来，导致脑部缺氧，出现头晕、乏力症状，容易诱发多种疾病。

深呼吸的好处：一是吸进、呼出的气体能达到通常呼吸的8倍，每天有足够的新鲜空气供应人体，氧气进入肺部通过血液输送到全身各处；二是通过深呼吸锻炼心肺功能，防治肺炎、慢性支气管炎、哮喘等疾病；三是深呼吸能帮助人们减轻压力，缓解失眠等症状；四是深呼吸还有减肥作用，通过呼吸分解脂肪。中医讲，气沉丹田，呼吸到腰，百病全消。

晒太阳对健康有神奇功效。地球上的能量来自太阳，没有能量就没有生命。由于有日出日落，动植物必须形成一种机制来储存能量，并在光照不足的时候减少能量消耗，所以要白天晒太阳储存能量，晚上早休息减少能量消耗。能量就是阳气，人的脏腑功能全靠阳气来支撑，阳气充足，对抗疾病的能力就强。中医讲“十病九寒”“百病寒为先”。多晒太阳、加强运动、少吃生冷食物等，都是温补阳气、祛除寒湿的重要途径。养护阳气是养生治病之本，晒太阳是养阳的最好方式。体弱多病的人，有时与见太阳太少有直接关系，就像背阴或大树下的庄稼难结果实一样。《黄帝内经》讲“无厌于日”，意思是寒冷天大家都喜欢暖阳，但夏天也不要讨厌太阳。千金难买夏日阳，夏天不要总是躲避阳光，尤其是三伏天的太阳。现代人躲到屋里吹空调，即便出门也打把伞，殊不知过分躲避太阳会阳气不足。

人体的维生素D“蛰伏”于皮肤，需要充足的紫外线将其激活与合成，晒太阳是补充维生素D的重要途径。没有维生素D，补的钙吸收不到骨头里。预防骨质疏松比较有效的方法是在阳光下行走。

维生素D还是防癌抗癌利器。我国和其他多国癌症专家都认为，有关这种“阳光维生素”预防各种癌症的证据十分充分。越来越多的证据表明，缺乏维生素D对身体极其有害，很多疾病都与缺乏维生素D有关。目前，我国城市人口中只有5%的人血液中维生素D达到正常水平，晒太阳不足是缺乏维生素D的主要原因之一。老年人皮肤合成维生素D的能力逐渐减弱，平时更要多晒太阳。

住房采光直接影响人的心情和健康。如果住房和办公室采光都不好，上下班早出晚归又不见太阳，长此以往，会严重影响身心健康。有句话说，阳光不进入的房间，就会有医生进入。选房时应尽最大可能把采光、通风放在首位，而不是选户型。在房间使用上，应把采光好的房间作为白天待的时间最长的房间。比如，白天在书房待的时间长的人，应该把采光好的房间作为书房；因行动不便而在卧室待的时间长的人，应该把采光好的房间作为卧室。

外出锻炼四件宝：鞋、帽、围脖和口罩。

一双好鞋能让你日行万步不伤膝。舍得花钱买两双舒适的运动鞋换着穿，鞋底要有厚度、有弹性、软硬适中。冬季的鞋子一定要厚底保暖，因为寒从脚底起。

帽子四季必备，冬天防寒，夏天防晒，春秋防风。寒冷天心脏把血液送到头部很不容易，头颈部保暖可以有效预防脑中风。头部是“散热器”，在寒冬里只穿保暖衣服而不戴帽子，就好比暖水瓶不盖盖子一样。风寒、风热、风湿头痛，都与风邪密切相关。五行学说中讲“避风如避箭”，避风最重要的部位是头部和颈部。

遵循“日出而作、日落而息”的自然规律，早晚锻炼时，早上不要太早，晚上不要太晚。《黄帝内经》讲白天锻炼养阳气、晚上锻炼伤阳气，尤其是不要深更半夜拉筋练骨、剧烈运动，夜晚最好是静坐、安宁。

心安宁才有好睡眠

有人说，幸福人生就是白天有说有笑、晚上睡个好觉。白天有说有笑，说明心态好。晚上睡个好觉，说明心安宁。要想睡得安稳，必先心神安宁。古人云，先睡心后睡人，睡觉睡出大美人。意思是只有先让心神安静下来，人才能慢慢进入睡眠状态，睡美容觉是重要的养生方法。

清气爽、精神状态好，则代表睡眠质量高，即使睡眠时间短也不用担忧。若为达标而刻意增加断断续续的浅睡和赖床时间，反而会破坏自己的睡眠节律。如果醒来后头昏脑涨、精神状态差，则说明睡眠质量不高，可能是睡眠太少、睡眠太多或时睡时醒的浅睡眠太多。有的人周末睡十几个小时还犯困，其实是在一个小屋子里睡的时间太长而大脑缺氧的缘故。

怕失眠比失眠更可怕。慢性失眠者绝大多数有心理问题，多数失眠与焦虑有关。往往是失眠导致焦虑，焦虑又加重失眠，形成恶性循环。失眠不可怕，怕失眠才可怕。研究表明，担心失眠影响健康而产生的焦虑恐惧情绪，比失眠本身对健康的影响更大。改善睡眠，首先，要消除对失眠的恐惧心理，睡前尽量少想心事，心安宁才能睡好觉。为什么有些人有时开着电视打瞌睡、关了电视反而睡不着，因为开着电视脑子里是外面的事，关了电视脑子里不由得想自己的事。其次，白天保持忙碌，晚上才有疲惫感，劳累是最好的安眠药。最后，坚持按时睡觉，一旦形成作息规律，每天到时就会犯困，能够很快进入睡眠。不要轻易吃安眠药，避免依赖和成瘾。如果老吃安眠药，会让大脑和肝肾等功能受到损害。

培养早睡早起的好习惯。要顺应自然规律，早睡早起就是顺，晚睡晚起就是逆。现在很多人的生活中，既没有清晨更没有黎明。养生的根本是“天人合一”。晚上不睡耗损阳气，早上不起封杀阳气，跟着太阳走最能滋阴补阳，养生保健从每天早起开始。多项研究表明，早睡早起的人，精力更旺盛，情绪更稳定，快乐感更强。早睡早起，让早晨的时间更宽裕，从容应对早餐和上班。国学大师南怀瑾说：“能控制早晨的人，方可控制人生！”早睡早起关键靠毅力，坚持一段时间就会形成规律。培养早睡的习惯，最好的办法是早起，用早起倒逼早睡。只有清晨早起，晚上才会犯困，逐步形成早睡的习惯。早晨叫醒你的不应该是闹钟，而应该是头天晚上的早睡。

熬夜是养生大忌。人体白天耗损、晚上修复，熬夜熬的不是夜，而是健康与寿命。每次熬夜都是对身体的透支和对免疫力的伤害，熬夜的伤害长期潜伏在身体里，你不知道它什么时候会以什么疾病暴发。据调查，30～50岁的癌症患者中，99.3%的人常年熬夜。熬夜最伤的是肝脏，多数肝病是熬夜“熬”出来的。肝主藏血，静卧养肝利血。肝脏靠血养，躺着的时候机体对肝脏的供血量是100%，坐着时是70%，站着时是30%。有空时多躺一躺，闭目养神有好处。有些熬夜是无奈之举，比如工作需要、生活所迫。但即使是工作需要、生活所迫，也不要搞成自毁式的勤奋。

中医认为，养生的第一要务是养神，静坐放松、闭目养神是一种好的养神方法。人体五脏六腑的精气皆上注于目，视觉是人体最大的耗能系统之一，闭上眼睛，就停止了视觉系统的耗能，有空就闭目是养生保健的好习惯。闭目养神是一种简便易行、效果明显的养生方法，对中老年人、终日劳心用脑者和长期专一使用目力者更有好处。没有午睡条件的上班族，可以利用午休时间静坐、闭目养神，最好不要参与打牌、打球等活动。

做人做事篇

ZUOREN ZUOSHI PIAN

第四章 “三观”是人生的方向盘

世界观是人们对整个世界，包括自然、社会和人的思维的根本看法，比如自然观、社会观、历史观、人生观、价值观等。世界观的基本问题是物质与意识、存在与思维的关系问题，根据对这些基本问题的解答，划分为唯物主义世界观和唯心主义世界观。

人生观是人们对人生问题的根本看法，包括人生的目的意义、理想信念和人生追求等，比如幸福观、苦乐观、荣辱观、生死观、道德观、审美观、婚恋观等。就是给自己定一个人生的标准和追求，自己这一生应该怎么活。

价值观是人们对价值问题的根本看法，是判断善恶、美丑、是非、利弊、好坏的观念，核心是自己的人生什么最重要。比如有的人好面子，所以追求豪华婚礼、隆重葬礼，而好多革命老前辈的遗嘱是丧事从简、不搞告别、不留骨灰；有的人花费几百万元修墓地，而有的人捐助几百万元兴建学校。

简单来讲，世界观是说世界是什么，人生观是说自己在这个世界上怎么活，价值观是说自己活在这个世界上什么最重要。世界观决定一个人处理问题的根本态度，人生观决定一个人人生道路的基本走向，价值观为人们提供处理问题的具体指导，世界观包含并决定人生观和价值观。正确的人生观、价值观是乐于为社会、为他人服务。因为人脱不开与社会和他人的关系。为社会、为他人服务，人活得才有意义、有价值。

人活着是过程而不是结果

所谓人生，就是一个人从生到死之间的一段距离，走过这段距离的过程叫生活，如何走过这段距离叫活法。

既然人生是一个从生到死的过程，那么人活着的最大意义，就是经历这段过程，而不是功名利禄等大大小小的结果，因为每个人的最终结果都一样。曾有人说，自己慢慢明白了为什么不快乐，因为总是期待一个结果。“过程”二字非常重要，因为既然是过程，就包括喜怒哀乐、酸甜苦辣、生老病死、悲欢离合、成功与失败、幸运与不幸等，这些都是人生过程中的一部分，不光你有，别人也有，自古就有，未来还有。明白了人活着是“过程”而不是“结果”的道理，才能坦然面对人生中所遇到的一切。

人为什么而活着？简言之，人是为了活着本身而活着，不是为了活着之外的任何事物而活着，比如不是为了升官发财、争名夺利等身外之物而活着。如果是为了身外之物而活着，一旦功名利禄等身外之物不能如愿，就必然影响心情、损害健康，甚至悲观厌世。

人生有什么意义？人生本没有意义，需要你赋予它意义，你给它什么意义，它就有什么意义。人来到这个世界上要扛起很多责任，其中最大的责任不仅是活着，而且要好好地活着。只有活着，人生才有希望。只有好好地活着，人生才有意义。自己好好地活着，才能为家庭、为社会、为国家、为世界做点儿什么。珍惜有限的生命，好好做人做事，在为他人服务的过程中体现自己的价值，就是人生最大的意义。人生以快乐为本，人活着的目的是追求幸福快乐的生活，人的一切活动都应围绕这个目的而进行。如果搞错了这个生命存在的目的，不论是上学读博也好，还是当官经商也罢，都可能造成本末颠倒的人生悲剧。

人的一生，应该不断学习别人的长处来提升自己，而不是与人盲目攀比。人的烦恼多半是与别人比出来的。一个人往往在空虚迷茫或心灰意冷时，才会想到人生有什么意义。不断实现自我超越，每天进步一点点，每天收获一点点，你会觉得越活越有意义。就像大家爬山，你每爬上一段距离，就会看到不一样的风景，你会越爬越开心、越爬越有劲，即使再爬不上去，也会为自己已经爬上的高度而高兴。但是，如果你不顾自己攀爬和已经爬上的高度，而去窥探别人爬的高度，不仅影响自己攀爬的速度，甚至可能失足掉落，而且别人爬得越高越快你会越不开心，因为你已经顾不上欣赏自己所爬高度的风景。所以，不要老和别人比，要和过去的自己比。如果你是一个越变越好的人，和自己比会让你越活越开心。如果老和别人比，一生会活得很累很痛苦。因为你总有超越不了的人，你可能会越比越心灰意冷，甚至比出人生没有意义的想法，因为与别人攀比本来就没有意义。一个人的心智越成熟，越会觉得与别人攀比没有意义。

人生不能没有目标和追求

人生好比一场旅行，心里应装着坐标图，一路顺着坐标走，才能把正人生航向。这个坐标就是正确的世界观、人生观、价值观。有目标，人生是在旅行。无目标，人生是在流浪。在流浪的时候，人就容易浑浑噩噩、无事生非。比如一个人如果紧急赶往车站接贵客，途中遇到不顺心的小事就不会停下来分心；但如果闲着没事漫无目的地溜达，就可能会停下来纠缠小事，甚至没事找事。

人生的道路虽然漫长，但紧要处常常只有几步，勤奋的双脚一定要踏在正确的道路上。人生的成败往往在一念之间，不少人倒霉在一念之差，一失足成千古恨。无所作为浪费人生，胡作非为毁灭人生。比如赌博，很多抢劫绑架、谋财害命的，多是因为赌博欠债、狗急跳墙。十赌九骗，久赌必输，倾家荡产，引发犯罪。一个满身功夫的人，可以见义勇为，也可以拦路抢劫，干好干坏全由自己决定。作家林清玄当记者时，在一篇关于小偷的报道中写道："像心思如此细密、手法那么灵巧、风格这样独特的小偷，又是那么斯文有气质，如果不是做小偷，做任何一行都会有成就的吧？"这个小偷看到这篇报道后无地自容、深受教育：我为什么做小偷，而不做正当的事呢？从此他改邪归正，后来当了羊肉火锅店的大老板。

每个人都应该以“做更好的自己”为人生目标，多把心思放在学习别人的优点、提高自己的素质上，而不是嫉妒或计较别人，心中始终保持一股向上、向善的力量。

人生一定要早觉醒

人生是一个不断觉醒的过程，每个人都有一个觉醒期，觉醒得早晚决定一个人的命运。一个人的觉醒主要体现在3个方面：一是开始重视身体健康，并有毅力改变不良的生活习惯，不让年老时的自己为过去没有爱惜身体而后悔；二是把正自己的人生方向，知道什么最重要、什么不重要，勤奋的双脚踏在正确的道路上；三是懂得修心、向内求，尽人事听天命，加强自我修炼，不被身外之物和社会潮流左右，活出喜乐人生。

回想人这一生，忙碌奔波，喜怒哀乐，大家一路推推搡搡、跌跌撞撞地向前赶路。觉醒早点儿的人，能够把握得好些而欣赏一路风景。觉醒晚的人稀里糊涂埋头赶路，不知不觉中就结束一生。有的人过度痴迷权钱名利等身外之物，活得身心疲惫、险象环生，甚至毁掉自己的人生。因此，要珍惜时间、珍惜生命，一辈子真的很短，远没有我们想象的那么长。“永远”真的没有多远，而且不知道明天和意外哪个先来，我们需要清醒地活着。

我们生活在一个物欲横流的世界，身边充满各种诱惑与竞争，让内心变得浮躁功利、焦虑不安。我们应该在忙碌之余，静下心来，闭上眼睛，好好清理自己的内心，想想后面的日子该怎么过。在解决温饱之前，为了生存顾不了其他，经常被物质生活困扰。但在衣食无忧之后，真正重要的是身体的健康和精神的富有。人在大病一场后，或去过监狱、火葬场后，能够明白好多事、想开好多事，会把名利、财富等身外之物看得越来越淡，浮躁不安的心会渐渐平静下来，从而自觉地校正自己的人生航向。

人生最重要的是什么？是对自己的人生负责。贪图安逸，不思进取，轻视健康，违法乱纪，显然是对自己的人生不负责。拥有美好人生的途径，就是不要试图过轻松的人生。古今中外一切有成就的人，都很严肃地对待自己的生命，总是尽量多学习、多劳动、多工作、多吃苦、多努力。实现“做更好的自己”的人生目标，具体体现就是每天好好生活、好好读书、好好做人、好好做事、好好说话、好好相处。因为人生是由每天组成的，过好每一天，就是过好一辈子。

把命运掌握在自己手中

命运就是宿命与运气，是指事物由定数与变数组合进行的一种模式。命与运是两个不同的概念。命为定数，运为变数。命由天定，运由己生。“穷命”的人通过后天努力，运势会有改变。“好命”的人通过后天努力，运势会更好。

尽人事听天命。“天命”就是天时地利、自然规律。自己尽力而为，顺应自然规律。努力的人，运气总不会太差。在现实生活中，人们往往“尽人事”做得不够，而“听天命”想得太多。比如平时生活习惯不改变，却总是惦记着寿命长短。其实生活习惯是自己的事，寿命长短是老天的事。生活习惯好的人，不一定都能长寿。但长期生活习惯不好的人，肯定很难健康长寿。

人们常说，世上只有三件事：自己的事、别人的事和老天爷的事。自己的事自己努力做，不要期望和依赖别人，靠别人是靠不住的。别人的事少干涉，保持尊重与接纳。老天爷的事听天由命，顺应自然。但不少人正好相反，自己的事不好好用心做，却总想着去改变别人，还怨天尤人。人如果老找外因，老想让别人对自己好，那一定是徒劳和自寻烦恼。“圣人内求，世人外求。内求者乐得其性，外求者乐得其欲。”向内求的人自得其乐，懂得求人不如求己，自己主宰自己的命运。向外求的人以满足欲望为乐，然而欲望无止境，所以心情难快乐。比如夏天很热，开空调是向外求，心静自然凉是向内求。

把个人命运与国家命运紧密相连。国家兴亡，匹夫有责。没有国家强大，哪有国民尊严？历史是最好的教科书，也是最好的清醒剂。牢记中华民族的百年耻辱，强大的祖国永远是我们的坚强后盾。国无德不兴，人无德不立，爱国是我们的立德之源、立功之本。

人生注定是要受苦的

人，生来就是苦的。因为人有欲望、有思想，不仅身苦，而且心苦。佛教讲人生八苦：生、老、病、死、爱离别、怨长久、求不得、放不下。苦难守恒定律告诉我们，苦难是人生的基本特征，每个人一辈子吃苦的总量是恒定的。它既不会凭空消失，也不会无故产生。它只会从一个阶段转移到另一个阶段，或者从一种形式转化为另一种形式。人越是选择现在逃避它，越不得不在未来牺牲更大的代价对付它。所以，人活在世上，要有勇于吃苦、以苦为乐、苦中求乐的思想准备。

这个世界有一种平衡：凡是让你舒服的东西，一定会让你痛苦，越让你舒服的东西越会让你痛苦。比如，胡吃海喝、久坐不动、以车代步、雇人伺候、躲避太阳等看似舒服，但久而久之会让你的身体出现各种毛病；你娇惯溺爱孩子让孩子“舒服”，将来孩子会因难以适应社会而痛苦，你可能会因不成器的孩子而痛苦。

晚吃苦不如早吃苦。年轻多吃苦可能苦一阵子，年轻不吃苦可能苦一辈子。年轻时吃的苦不算苦，年老时吃的苦才是真的苦。越怕吃苦，越有苦吃。努力，苦是暂时的。不努力，苦是长期的。人经历得越多，就越能体会到世界的真理：晚吃苦不如早吃苦，先苦后甜比先甜后苦好。年轻时的苦是历练、是成长，只有经历苦、忍耐苦，才能苦尽甘来。一个人早年吃的苦越多，自立能力和承受能力就越强，就越能适应各种环境，越能体会到幸福感。

当今世界，经济科技发展，享乐主义盛行，人们的吃苦精神越来越弱，“享福”越来越容易。吃饭有外卖，购物有快递，出门有车坐，各种服务送上门，真正实现衣来伸手、饭来张口。长期生活在这样的环境下，任惰性发展，只会损害健康。

珍惜时间，做时间的主人

没有人不珍惜自己的生命，但很少有人真正珍惜时间。人们往往对人生的时间没有概念，以为过了今天还有明天，过了明天还有后天。其实生命是由时间组成的，时间就是生命，珍惜时间就等于延长生命。“时间就是金钱”的说法，大大低估了时间的价值。你每天如何填充自己的时间，就等于如何爱惜自己的生命，撕掉一张日历就是撕掉一天生命。浪费一天时间，就等于少活一天。管理好自己的时间，就等于管理好自己的人生。

合理安排时间，等于节约时间。有一个外卖小哥，坚持利用等红绿灯、在饭馆等餐或换电瓶等碎片时间背诗词，在2018年中国诗词大会上击败北大硕士，成为年度冠军。他说，平时随身携带《唐诗三百首》，一单外卖送到了，一首诗也背会了。

你把时间花在哪里，你的收获就会在哪里。你把时间花在学习上，你将学会更多生存的技能；你把时间花在运动上，你将拥有更加匀称的体形；你把时间花在吃喝玩乐睡懒觉上，时间会让你一事无成；被“手机绑架”已经成为世界性问题，用手机打发时间，是在不知不觉中消耗生命。社交网络的可怕之处，是让人把光阴虚度得好像很充实。

人从出生那一刻起，便开始了生命的倒计时。现在过的每一天，都是自己余生中最年轻的一天。生命的长度不能由自己决定，但生命的宽度可以由自己拓展，自己可以让每天过得充实、丰富、有意义。一年365天，不要把日子活成365遍。珍惜每一天，用好每一天，活好每一天，就是活好一辈子。

第五章　善良是做人的底线

善良就是心地纯洁，有同情心、慈悲心、不忍之心。善良是最基本的道德品质，是做人的底线，人一旦突破底线就会作恶，甚至连禽兽都不如。

人之初，性本善还是性本恶

人之初，性本善还是性本恶，这是几千年来都在讨论的话题。有“性善论”“性恶论”“性无善无恶论”“性有善有恶论”等不同观点。

一是人之初，性本善。出自宋代学者王应麟所作的《三字经》。他认为，人出生之初本性是善良的，后来随着环境变化等影响而产生了差异。孟子认为“性本善”。

二是人之初，性本恶。荀子认为“性本恶”。教育家冯友兰说：“荀子最著名的是他的性恶学说。这与孟子的性善学说直接相反。表面上看，似乎荀子低估了人，可是实际上恰好相反。荀子的哲学可以说是教养的哲学。他的总论点是，凡是善的、有价值的东西都是人努力的产物。”“照荀子所说，凡是没有经过教养的东西不会是善的。荀子的论点是：‘人之性，恶；其善者，伪也。’伪，就是人为。”意思是说人的本性是邪恶的，那些善良的行为是通过后天努力修为的。恩格斯说：“人来源于动物界这一事实已经决定了人永远不能完全摆脱兽性，所以问题永远只能在于摆脱得多些或少些，在于兽性或人性的程度上的差异。”所以，永远不要高估人性的善，也永远不要低估人性的恶。

三是人之初，性本空。这一观点认为，孩子出生时如同白纸，至于后来成长为雷锋还是希特勒，都取决于后天对“白纸”进行怎样的染色。近朱者赤，近墨者黑。我国最先主张“无善无恶论”的是战国思想家告子，他反对孟子“人性本善”的观点，认为人本性就像河水一样，并没有善恶之分，而是要看后期的引导，后天的引导决定了一个人的善与恶，就像流水一样，它是往东还是往西流，要看怎么去引导。

四是人之初，有善有恶。这一观点认为，人性既不是全善，也不是全恶，是善恶并存。我国最先主张“有善有恶论”的是先秦思想家世硕，后来有汉代哲学家董仲舒和唐代哲学家、思想家韩愈等。

善恶因果规律

人类社会是按照一定规律不断运动和变化发展的物质世界，世界上不存在超自然的神秘物质和神秘力量。善恶因果规律是人类道德生活的基本规律，人们的善恶行为不仅会对行为者本人产生相应的影响，而且会对其家人、后代和周围环境产生相应的影响。因果报应不是迷信，但传统的善恶因果规律由于其认识的局限性，认为人的一切福祸是由上天、神灵或前世决定的，今世的善恶德行决定来世的福祸际遇，人们只能通过现世的积德行善和忍辱负重来换取来世的好报。其实因果报应是由客观规律决定的，而不是由上天、神灵决定的。

原因与结果，是唯物辩证法五大范畴之一。原因与结果的辩证关系，反映客观事物的发展规律。任何事物，有因必有果，有果必有因，一因多果，一果多因，同因异果，同果异因，互为因果，因果转化，原因决定结果。世界上的任何事情都有因果，绝不会有因无果、有果无因，也不会种善因结恶果、种恶因结善果。自己种下的善恶种子，不会因时间的久远而枯萎，在我们承受果报之前，它潜藏着的力量是不会消失的。

善有善报，恶有恶报。人生要想活得幸福安宁，就要积德行善、与人为善。人如果没有慈悲心、同情心，就远不如禽兽。为非作歹，草菅人命，伤天害理，损人利己，必然遭到报应。

人在做天在看，人不善天会判。意思是你别以为你做的事神不知鬼不觉，老天爷看着呢！你不善良，老天会收拾你！“老天”是谁？一是道德之天。天地良心，天理难容，做缺德事的人自己肯定不得安宁，其身心必然受到煎熬。二是法律之天。道德是软的，法律是硬的。法网恢恢，疏而不漏。现在到处是监控和大数据、DNA比对等高科技手段，破案率越来越高，甚至几十年前的命案都能侦破，作恶的人绝不会有好下场。三是百姓之天。群众的眼睛是雪亮的，一道通缉令便会让作恶者无处藏身、束手就擒。

我们每个人都生活在因果规律中，这就是常讲的“前因后果”。人做了积德行善的事，必然会得到好报；做了伤天害理的事，必然会遭到恶报。但在现实生活中，经常看到恶人没有遭到恶报，好人也没有得到好报，甚至坏人得福、好人遭殃。为什么因果报应有时“不灵”呢？主要是因为不是不报，时间未到。有些可能在很久以后报应，有些会发生在后代身上。虽然人生短暂，但今生的恶行不会随着生命的结束而一笔勾销，只是迟早或以什么方式报应的问题。人们的善举也是如此，将来都会得到好报，但需要时间，不能急功近利。

“凡人怕果，圣人怕因。”普通人不懂得或不重视因果报应，往往只顾眼前，在造恶因时不害怕，当恶果出现时才害怕，这就是凡人的悲哀。捷克小说家米兰·昆德拉说：“永远不要认为我们可以逃避，我们的每一步都决定着最后的结局，我们的脚正在走向自己选择的终点。”在日常生活中，“凡人怕果”的现象非常普遍，比如平时一天两包烟不担心肺出毛病，一旦得了肺癌才后悔莫及。

命运其实就是因果报应。世界上没有一件事是偶然发生的，每一件事的发生必有其原因。人的命运当然也遵循这个规律，现在是过去的果，同时又是未来的因。用佛教的话说：“现在的你，是过去的你所造的；未来的你，是现在的你所造的。”比如，现在的你身体健康，是过去善待身体的结果；未来的你病魔缠身，是现在的你糟蹋身体的结果。由此可知，人生的苦乐，家庭的兴衰，都是因果报应，自作自受，共作共受。做善事的人即使主观上不求回报，但客观上它是有回报的，这个回报就是果报。正如《易经》所讲：“积善之家，必有余庆；积不善之家，必有余殃。”

人的思想、语言、行为都是“因”，都会产生相应的“果”。修造命运从起心动念即“心念”开始，心念就是人的思想。想法产生言行，言行导致结果。人一生中遇到最多的是功名利禄的诱惑，人的善恶不断体现在面对这些诱惑时是走正道还是走歪门邪道。比如对待金钱，是君子爱财取之有道，还是贪污受贿抢劫偷盗。一个人如果心中有恶，老想着干坏事，那他肯定会出事，只是时间早晚的问题。

德不配位，必有灾殃

《易经》讲“德不配位，必有灾殃”。“德”指道德、德行，“位”指待遇、享受等福报，德行不配福报，必定要遭殃。如果德行不够，还非要当大官、发大财，追求自己德行装不下的东西，不仅保不住这些东西，而且会带来祸患，这方面有太多的例子和教训。

“厚德载物”出自《易经》“君子以厚德载物”，意思是道德高尚者才能承担重大任务。“厚德”就是积德行善，好好做人做事。“物”泛指金钱、财富、权力、名望等人们想要的东西，这些都是压在人身上的“物”。你能不能承载得了？靠什么承载？要靠符合万物规律的德行。就像一张桌子，它能承受50斤重的东西，你给它放500斤的重量，它就会变形甚至倒塌。有的人当小官时很优秀，但位高权重后胡作非为，就是职务在上升而德行跟不上，德行承载不了太大的职权，面对更大的诱惑时把持不住。有的人贫穷时家庭安宁，发财后鸡犬不宁，妻离子散，也是德行承载不了太多的财富。

古人云：“无德无行而取厚利，必有奇祸；善行善德而受磨难，多有后福。”一个人的职位不能大于能力，享受不能大于贡献，名声不能大于才华，财富不能大于功德。功德就是功业与德行。简单来讲，功是一种力量，德是一种修养，把修养升华成一种力量和智慧去帮助他人，称为功德。佛教讲“功德无量”，就是功劳或恩德非常大，无法计算。一个人只能享受与自己功德相匹配的东西，否则“必有灾殃”。

有德无才者，其善多为小善；无德无才者，其恶多为小恶；有德有才者，其善多为大善；无德有才者，其恶多为大恶。大贪官、黑恶势力头目就属于无德有才者。

傲慢是一种不善

傲慢是一种骄傲自大、目中无人、居高临下、恃强凌弱、缺乏德行的精神状态和言行表现。

谦虚基于力量，傲慢基于无能。傲慢的本质是无知、自卑。国学大师南怀瑾说：“傲慢的人，他根本就是自卑，不自卑的人不会傲慢，因为自卑的人晓得自己没有什么，又生怕你看不起，故而傲慢。”

懂得谦卑、低调的人，容易被人接纳、受人尊重。明初思想家洪应明在《菜根谭》里讲：“贵而不显，华而不炫。”“才高而不自诩，位高而不自傲。”富贵而不显摆，荣华而不炫耀。才高而自诩自夸会自损其能，位高而傲慢骄横会自贬其尊。

晚清政治家曾国藩说：“天下古今之庸人，皆以一惰字致败；天下古今之才人，皆以一傲字致败。”普通人都是因为懒惰毁了自己，有才能的人都是因为傲慢毁了自己。

很多时候，人不是败在缺陷里，而是败在优势里。作家柏杨说：“骄傲是人类最容易产生的负面情绪之一，无论高官还是百姓。凡是骄傲地大摇大摆起来的人，离毁灭也就近了。”

少年得志不一定是好事。年轻人不谙世事，以为世界很简单。如果年少轻狂，骄傲自满，得意忘形，找不着北，那么走下坡路或摔跟头是早晚的事。

成功没有秘诀，如果有的话就是谦虚和坚持。谦虚使人进步，坚持使人成功。

低调是对自己的保护

低调就是谦虚谨慎、不张扬，其实是真正强者的姿态。《菜根谭》记载：“地低成海，人低成王。”“鹰立如睡，虎行似病。”万事万物皆起之于低、成之于低。食肉动物都不长角。动物之间发生对峙时，弱势一方往往会更早把毛竖起来以显示强大。人类也是如此，弱者好张牙舞爪、逞强施威、锋芒毕露，而真正的强者懂得谦虚低调、抱朴守拙、大智若愚。看似强势、霸道、狂妄的人，其实是内心虚弱、缺乏智慧的人。内心强大者与内心弱小者的区别就在于“低调”二字。老子在《道德经》中说道：“强梁者不得其死，好胜者必遇其敌。”意思是凶暴蛮横的人不会有好下场，争强好胜的人终将碰上硬对手。天狂下雨，人狂遭祸。狂妄自大、强势霸道的人，做人做事偏离正道，可以得势于一时，但不会有好结果。

低调是一种自信。田野里低头的是稻穗，昂头的是秕子。一群人中最安静的人往往最有实力。做人懂低调、做事有激情的人能成大事。低调的人活在自己的世界里，不在意被人关注。真正幸福的人不晒幸福，真正有本事的人不晒本事，因为他有足够的底气支撑他的幸福和本事。高调的人活在别人的世界里，非常在意别人的评价。人之所以虚荣，无非是害怕别人看不起自己。爱炫耀的人一般自尊心、虚荣心很强，又没有一个独立强大的内心世界来支撑，所以不断渴望从外界获得肯定。

低调做人是对自己的保护。因为表面的平常而不易被人防范，常能处于主动。为人低调，力避锋芒，才能最大限度地减少人为干扰。木秀于林，风必摧之；人出于众，众必非之。德国哲学家尼采说：“我们飞得越高，我们在那些不能飞的人眼中的形象就越渺小。”人有同情弱者、嫉妒强者的心理，有见不得别人好的弱点。所以，大智若愚历来是为人处世的大智慧。

低调不是不作为，而是不张扬。越是肤浅的人，越烦躁不安，大呼小叫，上蹿下跳，张扬显摆。越有内涵的人，越沉静简单，苦而不言，喜而不语，为人收敛，不沾沾自喜。真正的低调不是装出来的，而是缘于对万事万物的敬畏。因为你再强大，也难以敌过群力和人际关系规律。古往今来无数成功者，都会从中领悟处世之道。

自律是对自己的善待

自律就是自我管理，自己管束自己的言行。自律的显著特点是：做不喜欢但应该做的事，不做喜欢但不应该做的事。

自律既是解决人生问题的主要工具，也是消除人生痛苦的重要方法。自律是对自己最好的善待，自律才能有真正的自由，有多自律就有多自由。不自律的人看似自由，其实不是真正的自由，而且会越来越不自由。比如胡吃海喝看似很自由，但健康出问题后会让你忌口，连正常饮食也不能享受。

所谓自由，不是随心所欲，而是自我主宰。自由不是想干什么就干什么，而是不想干什么就可以不干什么。如果你想在生活中获得自由，无论是财务自由、时间自由还是健康自由，那么只能通过自律来实现这些自由。

自律是一种自我拯救的力量，它能拽着你一直向前并走在正道上。自律就是好好生活、越变越好。你的一些小改变，一旦付诸行动，你就已经启动了新的行为模式。比如改变不良的作息习惯从早睡早起开始，改变不良的生活习惯从管住嘴迈开腿开始。只要坚持一段时间，自律所带来的好处，一定会让你喜欢上自律的生活。

深到骨子里的自律，是重复地坚持做正确的事。出色的人不一定聪明，但一定自律，不断改掉坏习惯，不断形成好习惯，长期坚持好习惯。很多时候我们知道该做什么但不去做，知道不该做什么但还是去做。比如，知道读书能改变人生但不去读，知道垃圾食品有害但还去吃。

为什么现在反复强调“管住嘴，迈开腿”？因为过去物质匮乏、生活简单，想吃没有，所以不需要强调“管住嘴”。因为过去通信靠吼、交通靠走，所以不需要强调“迈开腿”。现在人们身体或精神出问题的主要原因是吃多了、动少了、睡迟了、心乱了。为什么心乱了？因为身外之物的诱惑太大了。

自律的前期是艰难的甚至是痛苦的，因为要不断与自己做斗争。自律的后期是享受的，因为形成了习惯，在言行上有了规则和定力。大到抵御功名利禄的诱惑、小到日常生活习惯的改变都是如此。如果能够坚持下去，就会习惯成自然，让自己越来越享受到生活的自由。比如，在饮食方面，一旦形成健康的饮食习惯，自然会对垃圾食品不感兴趣；爱读书的人，不仅不会感到读书枯燥，而且会感到充实和快乐，读书成为一种享受和生活方式；爱锻炼的人，视运动健身像吃饭、睡觉一样自然，一天不锻炼就会感到不舒坦。

不断坚持自律，会让自己的人生不断完善。一个人优秀的程度，取决于他控制自己的程度。不是优秀才自律，而是自律才优秀，越自律越优秀。一个人有多自律，他的人生就会有多美好。

第六章 敬业是做人的根本

善良是做人的底线，敬业是做人的根本。敬业不是业务范畴，而是道德范畴，是一个人对自己所从事的工作认真负责的态度。一个全职太太辛勤认真地做家务也是敬业。做事的态度就是做人的态度，因为做人是由做事构成的，所以说敬业是做人的根本。

勤奋敬业的人在哪里都有饭吃

勤奋敬业，认真做事，是一个人生存和发展的基本要求。任何人，如果有对工作尽心尽力的认真负责态度，在哪里都会受人欢迎。英国军事理论家托·富勒说：“一个理发师脸刮得不干净，另一个理发师就能找到活干。”

有位企业家，从艰难起步到生意兴隆，跟随在身边的总是那位司机，10多年了，司机从小伙到中年。有人问他怎么总用一个司机？企业家说：“这位司机跟了我10多年，不管是在什么场合，不论别人怎么劝他，只要是出车之前，他绝对滴酒不沾。出差时，不管别人玩到什么时候，他总是早早睡觉，所以他每次开车时总是精神饱满。每当行驶在高速公路上，看到窗外疾速倒退的风景，我就觉得那一刻我把生命托付给了手握方向盘的司机。10多年了，只有他让我感到信赖！”像这样忠诚敬业的司机，老板给他的待遇也不会差。

现在快递员越来越多，这个职业看似简单劳动，不就是送个快递吗？其实不然，行行出状元。杭州有个快递员，20多岁，高中文化，被杭州市作为高级人才引进，市政府给他百万元购房补贴。他能在一秒钟内快速分拣各种包裹，只要看到快递单上的地址，就能马上背出对应城市、区号及航空代码等。在省里举办的快递职业技能比赛中获得第一名，被授予“浙江省技术能手”称号。

离职时，最能看清一个员工的本质。有个女孩子，接到亲戚电话给她找了新的工作，待遇是现在的3倍。虽然这样的好事她当然不会拒绝，但她说请新单位等她3个月，因为跟现单位的合同还有1个月才到期，而且得等单位招聘到合适的接替人并带一两个月后才能离开。后来，她到新单位工作几个月后，觉得不适合自己而想回原单位时，原单位领导二话没说欣然同意她回来，并安排了更好的工作。种善因，结善果。正是她当初诚实负责的态度，给自己留下后路，成了她“绝处逢生”的“救命稻草”。

人应该满怀感恩去工作，对单位忠诚，为单位奉献。一个人对职业的态度，决定他工作时的心情和工作成效。是否敬业，决定他是在职场边缘游荡，还是在工作中锻炼成长，也就决定了他今后的命运。

毅力比能力更重要

毅力是指人的持久力和心理忍耐力，是一个人自觉克服困难、努力实现预定目标的意志力，对做事的成功具有决定性意义。不要低估自己的能力，也不要高估自己的毅力，多数人的问题出在毅力而不是能力上。拼搏，其实拼的主要是毅力。

真正聪明的人，都是肯下“笨功夫”的人。曾国藩虽然是一个高明的军事家、战略家，但他的天赋并不高，靠的是“笨劲”。他小时候有一天晚上在家里背书，不知背了多少遍就是记不住，一个小偷本想等他睡了之后行窃，在窗外左等右等就是不见他睡，小偷急得大叫起来：“这种笨蛋还读什么书？”接着把那篇短文背诵一遍后扬长而去。这个脑子好用的小偷如果走正道，并且有曾国藩的毅力，也许能成个人物。

“坚持最后五分钟”是人生成败的分水岭。“坚持最后五分钟”是一句军事名言，说的是在两军交战最残酷的时候，要靠咬紧牙关、硬着头皮打。因为我方最困难的时候，也是敌人最困难的时候。当我们难以忍耐的时候，也恰恰是敌人对胜利感到绝望的时候。这时谁能硬着头皮打，坚持到最后，谁就能胜利。以掰手腕为例，当你实在坚持不住的时候，也正是对方实在坚持不住的时候，这时拼的就是最后几秒的毅力、忍耐力。失败往往在于微弱的劣势，成功和失败之间有时就差一点点。

“三分钟热度”是多数人的通病，世界上80%以上的失败都是因为“三分钟热度”的半途而废。人做事之所以不成功，多是因为缺乏毅力。人往往是明白一个道理后很受启发、醍醐灌顶。比如读书计划、健身计划等，开始时信心满满，可是坚持不了多久，就会逐渐放松、淡忘，又回到老样子。

人生就像马拉松比赛，刚上大道时拥挤不堪，但能坚持到最后的人并不是很多。人与人之间最小的差距是智商，最大的差距是坚持。人最大的对手不是别人，而是自己。管好自己，坚持到底就是胜利。

专注做事

不论学什么、做什么，高度集中的注意力非常重要。非凡的注意力，造就非凡的人才。在学生中，注意力的强弱是拉开大部分学生成绩的主要原因。在成人中，如果总结一下成功者与失败者的经验教训，我们就会发现，其实二者付出的努力并无太大差别，最大的差别在于专注精神。

德国工人师傅一丝不苟、精益求精的专注精神是世界公认的，所以造出了徕卡相机、奔驰汽车等世界公认的名牌产品。一个人要想干成点儿事，必须脚踏实地、专心致志，功到自然成。浮躁的社会，心静者胜出。心静智生，心乱愚起。一个人如果能把心定得住，离成事也就不远了。

让专注成为一种习惯。一座寺庙里有这样一句话：“走路的时候，走路；吃饭的时候，吃饭；洗碗的时候，洗碗。”这话看似平常，其实是非常重要的人生智慧和做事原则，我们的日常生活往往缺乏专注。比如走路要专注，边走路边低头看手机是非常不好的习惯。还比如乘坐电梯要专注，一慢二看三进入四快出。曾有一位母亲抱着孩子乘坐电梯，由于孩子挡住视线，没有看到电梯门打开时电梯轿厢未到，结果母女俩从31层踩空跌入电梯井而死亡。

当今社会飞速发展，多彩生活让人眼花缭乱。要放下杂乱无章的事，把注意力放在自己的学习、工作、生活上。有人发现一个规律：回到家后把衣服随便扔在床上，还是细心地挂在衣架上，这5秒之差，反映一个人做事的专注程度。每天不厌其烦地把床铺收拾好，把衣服、鞋子、挎包、钥匙等放到该放的地方，对一个人的全面修炼和家庭的健康发展至关重要。这种仪式感的力量，会不断给人心理暗示，形成井然有序的生活习惯。

不论做什么事，光做完不行，还要认真做好。“做完”与“做好”的差别，就是人生的区别。把饭做完是填饱肚子，把饭做好是营养美味。把事做完是打工谋生，把事做好是成长进步。做什么事都不要凑合，“差不多”叠加起来就会差很多，人的命运由此拉开距离。

粗心比无知更有害

粗心比无知更可怕。在日常生活中，因粗心大意而导致的悲剧有很多。比如，厨房忘记关火而引发火灾，父母把孩子忘在车里而闷死等。在漫长的人生道路上，如果形成粗枝大叶、马马虎虎的习惯，也许一个细枝末节，就会让人付出无法弥补的甚至生命的代价。下面举两个因为粗心而造成严重后果的例子。

写字多了一撇，贻误一场大战

民国时期军阀混战，有一次甲乙军阀双方结盟，预定在沁阳会师。谁料甲方的作战参谋在拟制命令时，将“沁阳”写成“泌阳”，致使该部误入泌阳，两地相距300多千米。多“一撇”贻误战机而导致联合作战计划失败。

写字多了一点，损失一二十万

1983年，乌鲁木齐挂面厂从日本引进一套生产线，随后花18万元从日本购进10吨塑料包装袋，我方将袋面图案设计好后交日方印制。当这批塑料袋漂洋过海运到乌鲁木齐后，却发现印成“乌鲁木齐”，价值18万元的塑料袋成了一堆废品。

细节决定成败。在人的一生中，99.9%与100%的差别可能就是人生的差别，不少人输在0.1%上。比如体育比赛差0.1秒可能会差一个名次，考试成绩差半分可能会决定一个人的命运。

有人说自己的缺点是粗心。这话不对，粗心不是缺点，而是错误。缺点是欠缺、不全面，错误是差错、不正确。比如，炉子忘记关火，出门老把钥匙锁在家里，是粗心导致的错误，不是缺点。

不怕没本事，就怕不干事

世界上的事情都是干出来的。不论做什么事，先干起来再说。边干边修正完善，边干边积累经验，边干边创造条件，边干边寻找机会，只有干了才能明白。

有个小伙子从农村到上海，在一个建筑工地干活，有一天突发奇想，装了10小包有沙子和树叶的腐殖土，以“花盆土”的名义，试着卖给爱养花的上海人，当天他在城郊间往返6趟，净赚50元。一年后凭“花盆土”竟然在大上海有了一间小小的门面。在常年走街串巷中，他发现一些门店楼面亮丽而招牌较脏，一打听才知道清洗公司只负责清洗楼面而不负责清洗招牌，他立即买了水桶、抹布和人字梯，办起一家小型清洗公司，专门负责擦洗招牌。如今他的公司有150多名员工，业务也由上海发展到杭州、南京等城市。

有位成功人士说，为了生存，能够放下架子去捡垃圾、擦皮鞋的年轻人，日后定有出息。不少富豪是从“破烂王”、摆地摊干起的。不要小看你正在做的事，更不要抛弃你做事的热情。如果你比别人干得多，你就比别人学得多，你面临的机会也就会多。

敢于尝试，是积极的人生态度。好多本来无望的事，敢于大胆尝试，往往能够做成。害怕失败，等于拒绝成功，办法总比困难多。所谓没有办法，只是还没有想出新的办法，很多事都是边干边想办法。干事情得先有胆，大胆假设，小心求证，胆大心细，敢想敢干。敢想是前提，敢干是关键。胆识决定成功，雄心决定规模。有胆少识，尚有50%的机会；有识无胆，机会接近于零。

难的事情反而容易做成。因为好做的事情做的人多，难做的事情竞争的人少，而且难做的事更能锻炼人。现在逼自己做难做的和不想做的事，是为了将来能尽情地做想做的事。一做别人不愿意做的事，二把别人能做的事做到极致，三做别人无可替代的事。如果达到这三条，就会无往而不胜。

所谓本事，就是我知道你不知道，而且多数人不知道；我能行你不行，而且多数人不行。一个人的价值不体现在与别人相同的地方上，而体现在与别人不同的地方上，别人没做的或不会做的，可能正是你该做的。

现在不少年轻人都迷茫。迷茫是什么？迷茫就是才华配不上梦想。不想做小事，只想做大事。小事不愿干，大事不一定轮到你干。其实人生没有迷茫，有的只是对自己的高估。把自己看低点儿，脚踏实地去做事，你就不会迷茫。不论社会环境怎样，不论竞争多么激烈，为了生存总得做事，没有大事做点儿小事，总之不能无所事事，更不能坐在家里啃老。

职场中，不要轻易跳槽，更不要冲动任性辞职。有研究表明，大学毕业生跳槽越多收入越低，毕业生的职业忠诚度与其月收入大致成正比。断断续续就业，影响的不只是收入的高低，还有心情的起伏和能力的积淀。不论在什么单位干什么工作，都会有个熟悉情况打基础的过程。轻易跳槽，频繁辞职，学不到真本事，你将总是从零做起，到哪里都是新手，可能一辈子都得打零工。不要因为现在的工作不好而辞职，而应在确认另一份工作更好时再辞职，先砸饭碗后找工作是不理智的做法。

养成良好的做事习惯

一个人不是优秀了才有好的习惯，而是养成了好的习惯，人才会变得越来越优秀。良好做事习惯的培养有如下几点。

一是预先计划的习惯。在一次招聘面试会上有道题是：领导组织开会，你突然尿急怎么办？很多人都回答“憋着”。面试官又问：如果真的憋不住呢？有人回答“举手报告后出去”，而多人低头不语。只有一个应聘者说：“开会一般都会提前通知，应该会前做好带笔、带本和上厕所等准备，不能等到开会时出现尴尬。”结果他被录取了。凡事预则立，不预则废。养成预先计划、早做准备的做事习惯后，既能有条不紊、不丢三落四，又能合理利用时间、提高工作效率。

二是提前做事的习惯。万事宜早不宜迟。鲁迅在三味书屋读书时，将“早”字刻在破旧的桌子上，提醒自己时时早、事事早。做事留有时间余地，是顺利处理事情的重要前提。形成凡事提前的习惯，比如早上提前起床、上班提前出门，你一天的工作生活会更加从容顺利。早晨挤地铁时，如果时间充裕，第一列挤不上，可以等第二、第三列，不用玩命挤上第一列。如果每天踩点上班，可能因为着急、匆忙而出问题。

三是立即行动的习惯。一切始于迅速的行动，雷厉风行做事的人，其成功率远高于明日复明日的人。拖延症是埋葬未来的坟墓。《中国青年报》曾在年轻人中做过一个调查，发现近九成受访者只是焦虑却迟迟不行动。人与人的差距，很多时候就是当时“动手做了”和“没动手做”而产生的。

四是默默做事的习惯。在单位要少说多干，以事服人。遇到困难时少说话，专注解决问题。做出成绩时少说话，不要沾沾自喜。如果你不喜欢现在的工作，要么辞职不干，要么闭嘴不言。一件事情在做成之前，不要逢人便说自己的计划打算。因为不仅没几个人真正关心你要干什么，而且可能会受到各种干扰，你掏心掏肺别人也未必想听，如果你没有做成，还会给人留下夸夸其谈、纸上谈兵的印象。想做的事默默努力地去做，做成了别人自然会刮目相看，没做成自己吸取教训。想干事，能干事，干成事，不出事，才算本事，不动声色干成事是大本事。

五是化繁为简的习惯。好多事情，搞得很深奥是因为没有掌握规律，弄得很复杂是因为没有抓住关键。我们觉得某件事很复杂、做得很艰难，往往是没有找对做事的方法，好多问题可以用常识来解决。在遇到看似复杂的问题时，首先想想有没有简单的解决办法。有一家肥皂厂，生产线存在漏装肥皂、空盒出厂的问题，于是组成专家组技术攻关，采用X光和红外线等高精尖技术监测空盒。而另一家乡镇小厂也有类似问题，老板让一个工人师傅想办法，师傅扛来一台电风扇就能把生产线上的空盒子吹走。化繁为简，能使复杂的问题简单化。但越是简单的事情往往越不可轻视，否则可能使简单的问题复杂化。

六是责任明确的习惯。千招万招，没有具体明确的责任都是虚招。如果责任不明确，不是没人负责，就是没法负责。集体负责，共同负责，等于没人负责，不论单位还是家庭都是如此，家里的一日三餐也不可能共同负责。在古罗马，当一座桥竣工通行时，负责的工程师必须站在桥拱底下，在这种责任机制下建起来的桥都足够稳固。第二次世界大战时期，美国空军降落伞的合格率为99.9%，就是说每1000个跳伞士兵中，会有一个因为降落伞不合格而丧命。后来军方改变了检查制度：每次交货前从降落伞中随机挑出几个，让厂家负责人亲自跳伞检测，从此降落伞的合格率为100%。

第七章　人的烦恼大多来自人际关系

人与人的关系，是很复杂、很耗费身心的关系，人的烦恼大多是人际关系的烦恼。著名心理学家、精神病学家阿德勒说过，人的一切烦恼都源于人际关系，要想消除烦恼，除非世界上只有你一人。

人际关系包括家庭关系、亲戚关系、朋友关系、同事关系、邻里关系、上下级关系等。人是社会性动物，所以人的大部分心理问题其实都是人际关系问题。干活本身不是最累的，处理人际关系才是最累的。多数时候，消耗我们精力的不是生活本身，而是日常生活中遇到的人。

距离产生美

距离产生美，是一个美学的著名命题，说的是人们在欣赏自然美、社会美和艺术美的审美过程中，必须保持特定的、适当的距离，如时间距离、空间距离和心理距离，否则就会影响和削弱审美主体的审美效果。比如时间距离，人们喜欢看名胜古迹、秦砖汉瓦，说明时间越长，越能给人以古朴深沉之美。比如空间距离，“久居之处无美景”“不识庐山真面目，只缘身在此山中”，熟悉的地方无风景，因为空间距离太近。但如果距离太远，又会因看不清事物的细微之处而影响审美效果，说明保持适当的空间距离是必要的。人类的美感，其实是一种距离感和陌生感。人间最美的距离，或许就在将够着又够不着的地方。

人与人相处是一门学问。人与人之间，既有“越走动越亲密”的规律，也有“近的臭远的香”的规律，但后者更为普遍。不在一起的好相处，在一起的难相处。无论谁，在对方面前“城门四开”、毫无保留都是大忌。

多数恩怨是因为靠得太近、缺乏距离而引起的。两人好的时候，金钱物质不分你我，成天黏在一起形影不离，一旦决裂大多分崩离析，甚至结局悲惨。对你伤害最深的人，往往是与你最亲近的人。因此，君子之交淡如水。中国当代文学家梁实秋在《谈友谊》中讲：“君子之交淡如水，因为淡所以才能不腻，才能持久。好的友谊就像一杯清水，看似平淡无味，但每天离不开，永远喝不腻。如果在里面加入太多的蜜糖，虽然一开始觉得可口，时间长了就会受不了。”

尊重是处理人际关系的一大法宝，必要的距离是尊重的前提，有距离才有尊重，才有神秘感，才有恭敬心。能够相处时间长的朋友，首先是距离把握得好，不远也不近。老话说：“生虎犹可近，熟人不可亲。”这是提醒大家与人交往时要谨慎，不可太轻信熟人。否则，轻者会惹来麻烦，重者可能会在你毫无防备的情况下，对你形成威胁甚至伤害。

叔本华在《人生的智慧》中讲：人就像寒冬里的刺猬，互相靠得太近，会觉得刺痛；彼此离得太远，却又会感觉寒冷。保持适当的距离，不是为了疏远谁、冷漠谁，而是为了让彼此相处不累、关系长久。有一对亲姐妹，丈夫去世后都不想跟子女过，两人都有工资，所以商量着“抱团养老”。开始时生活得很融洽，但随着时间的推移，亲情毁在消费观念、饮食习惯等各种生活琐事上，后面发展到互相抱怨、吵架、分开做饭，从小感情要好的亲姐妹最后反目成仇。所以，即使再亲近的关系也要保持距离，这样有利于和谐相处。距离感体现在日常生活的方方面面。比如，父母和成年子女住得近点儿有好处，但最好不要住在一起；亲戚朋友间的东西不能不分你我，借是借，给是给，有关费用分摊要事先说好，亲兄弟明算账；再好的朋友，说话办事也不能太随便，到别人家也应预约，不当不速之客等。另外，朋友之间尽量少有利益交集，一旦有了利益交集就很难成为朋友了，友情一旦涉及金钱往往会变得比较难办。

好的关系是相处不累

相处不累，就是人际关系中不功利、不计较、不费心，久不联系，常在心中，有事一叫，真诚相助。能帮成表示感谢，帮不成表示理解，处在一种相互信任、轻松不累的交往之中。凡是需要费劲维持的关系，需要用心修补的关系，都不是正常的人际关系。任何一种关系的维系，一定是你情我愿，相互理解、体谅、包容。所有勉强的行为，都坚持不了多久，即使勉强维持也没有意义。会让你为难的人，对你挑剔计较的人，本身也不见得有多在乎你。

茫茫人海，能够成为亲戚、朋友、战友、同学是一种缘分，对相处不累的人要倍加珍惜，真诚相待，友好相处；对计较多、毛病多、过于自私、没得到好处或没如他意就不高兴的人，应宽容谅解但不必在意。人与人之间，对错可以申辩，冷漠不好改变，与其勉强改变，不如自在随便。只要自己说话不伤人、做事不损人，不必理会别人的计较与抱怨，太在意别人的看法等于自虐。缘来不拒，缘走不留。顺其自然，轻松自在。刻意交友没有必要，也难以长久。

共情社交与功利社交

“共情社交”是一种情感联系，多为共同兴趣或打发无聊时间而进行的社交行为，一般不涉及利益的交换，多发生在心智尚未成熟或社会阶层较低或生活不如意的人中间。随着年龄的增长，人们的共情社交活动会逐渐减少。一个人的心智越成熟、能力越强、社会地位越高，他的共情社交就会越少。这就是为什么很多人觉得越成长越孤单、朋友越少、越难与别人交心，或两个原本社会地位一样的人，在其中一个发达之后会逐渐疏远的原因。因为人的心智成熟到一定程度时，就较少甚至不再需要朋友提供情感支持和心理慰藉，而更多专注于自己该做的事情。

“功利社交”是一种为获得利益帮助而产生的“有效交换”行为，比如客户朋友、合作伙伴等。

当我们能够分清这两种社交后，很多关于朋友的问题就迎刃而解了。比如你想托朋友为你办事，你不应该让朋友为你欠下人情。再如你向朋友借钱，应主动算明利息并写下借条，因为向朋友借钱是为了应急解困，而不是为了占人家利息的便宜，不管朋友要不要利息，你都应心存感激。认为朋友就该帮助你，应该给你好处，应该无偿借给你钱，只能说明你自私。

其实亲戚也是如此，对方出于亲情对你的帮助或给你的好处，你应表示感谢，不应视为理所当然，更不应认为他是我的亲戚就该给我好处。对方不能帮你或不愿帮你，你不能用所谓的亲情绑架对方。亲戚之间关系处得不好，多是因为一方或双方太自私、太挑剔造成的。

人际关系最怕自私

自私就是只为自己打算，只顾自己，不顾别人，在某种程度上也可以说是一种自我保护的本能。幼童并不懂得什么叫自私，却懂得抢夺、霸占食品和玩具，这就是一种本能。

亲朋之间要想和谐相处，一是不能太自私，二是不能太计较。从喜乐人生角度讲，如果太自私，别人会让你不快乐；如果太计较，自己会让自己不快乐。一个快乐的人，不是因为他拥有的多，而是因为他计较的少，太过计较的人一般很难快乐。

自私的人主要有3种表现。

一是喜欢占便宜。

这种人总喜欢从别人那里捞点儿什么好处，习惯用给不给他好处来评判别人，你给他点儿好处哪怕蝇头小利，他马上会说你好，不给他好处或没让他占到便宜就会说你不好。弘一法师曾说："我不知何为君子，但每件事肯吃亏的便是；我不知何为小人，但每件事好占便宜的便是。"

凡是自己能解决的问题，尽量不要麻烦别人。当一件事情可以用钱解决时，用钱解决不失为一种好办法。如果想过轻松简单的生活，一定要树立有偿消费的观念。现在各种服务越来越完善，自己干不了或不想干的事，花点儿钱都可以解决，无须像过去那样处处求人帮忙。这样，当遇到实在无法解决的问题时，相信亲朋好友会伸出援助之手。这也告诉我们：把精力用在提升自己上，远比耗费在所谓的聚集人脉上明智。

二是以自我为中心。

这种人喜欢驱使别人，不符合他的意愿就指责抱怨，别人这不对那不对。正如英国作家奥斯卡·王尔德所说："自私不是一个人按照他自己的意愿生活，而是要求别人按照他的意愿生活。”这种人既喜欢庸俗的物质往来，又特别计较别人不回馈他。比如他主动给别人送东西或请别人吃饭，事后又要求别人礼尚往来，否则就在背后嘀咕别人。

有个女人，她包饺子的时候主动给邻居端了一盘，对方推辞不过就收下了。时间不长，她在外面到处对人说邻居不懂交情。邻居知道后赶快包饺子送给她，她又在外面说人家包的饺子难吃。邻居烦闷地说，和这种人相处太难了！

人际关系的秘诀是：降低对别人的期待，不能给对方提要求。叔本华说：“我们在与人交往时能够拥有的优势，全在于我们对对方没有要求。”既然是亲朋好友，有难事互相帮助实属正常，有事就说，没事各忙各的。但这种“有事就说”是请求，而不是理所当然的要求，更不是命令。关系近一点儿就开始提要求，让对方这样那样，看从对方那里能得到点儿什么好处，如果对方不满足就抱怨、记恨，这种人不可交。以自我为中心的人容易烦恼，因为别人不可能以你为中心。

三是不懂感恩。

习惯得到便容易忘记感恩。生活中有这样的事，你第一次帮助他时，他会对你心存感激；第二次帮助他时，他的感激心理会有所淡化；第三次帮助他以后，他会理直气壮地认为你是应该的；当你减少帮助或不给予帮助时，他就会对你心存怨恨。俗话说：“升米养恩，斗米养仇。”一个人在饥寒交迫的时候，你给他一升米救急，他会感激不尽。但是，你如果继续给他米，长期给他更多的米，他就会觉得理所当然并且有了依赖心理。

人际关系虽然复杂，但想变得简单点儿也不难，就是管住自己、宽容别人。对待自己要守住底线：说话不伤害别人，做事不损人利己，在此基础上尽量帮助别人；对待别人要守住边界：不以自我为中心，不给别人提要求，不以自己的好恶去评判别人。

帮助人要掌握分寸

恩多仇厚，食饱伤心。人性中最怕的是恩将仇报。有时候对一个人越好，对方反而越恨你。小恩养友人，大恩养仇人。历史上有很多这样的事例：背叛自己的，往往是自己最信任的人，或自己培养出来的人。

帮助人的时候有几种情况要慎重。一是超出自己能力范围的忙不要逞强帮，这样既不为难自己，又给了对方新的选择。二是替别人作重大决定的忙不要草率帮，即使是最亲近的人也要慎重。三是情感问题的忙不要轻易帮，清官难断家务事，掺和男女之间的事更要慎重。四是伤害到第三人的忙不要鲁莽帮，因为你搞不清这里面是什么情况，帮一个伤一个的事最好别干。五是违法乱纪、损人利己的忙坚决不帮，盲目护卫亲情友情会犯助纣为虐的错误。

帮助别人时如果贪图回报等于自寻烦恼。英国作家毛姆在《人性的枷锁》里说："实际上，受惠者的知恩报答心理，要比施惠者的施恩图报心理淡薄得多。”受到别人的帮助应该知恩图报。但现实生活中往往不是这样，被帮助者对帮助者在事前和事后的态度是不一样的。有的会把帮助者对他的帮助忘得一干二净，有的会抱怨帮助者对他帮得不够，有的甚至会怨恨帮助者没有继续帮下去，帮助者在他心目中还不如没帮他的人。其实，帮助别人是一种善举，给自己带来的是内心的喜悦。如果图回报，就将善举变成掺杂私欲的交易，显然失去了善举的本意。助人为乐不求回报，反映的是一个人的德行。

学会独处，拒绝无效社交

叔本华曾说过，社交的起因在于人们生活的单调和空虚。

有智慧的人很少刻意交朋友，在社交上花的时间也很少。他们明白：真正的人脉不在别人身上，而在自己身上。人脉是吸引来的，不是追求来的。你若盛开，蝴蝶自来。唯有自己变得强大，才能吸引有效的人脉。自己能力不行，认识再多的人、留再多的电话号码也没用，因为人家不会把你当回事，已有的朋友也会渐渐淡出。当你忽略了如何提升自己的能力，而热衷于搞交际积累人脉时，说明你已经误入无效社交。一个人成年以后，真正能靠的只有自己，你优秀了不需靠人，你不优秀靠谁都没用。打造自己就是打造人脉，与其把时间花在多认识人上，不如花在努力提升自己上。

人生在世不能没有朋友，但最重要的朋友是自己，是自己内心的丰盈。否则，你即使朋友遍天下，也只是表面的热闹而已，内心必然会空虚。一个人内在拥有的越多，别人能给予你的就越少。一个人是不是自己的朋友，就看他能不能独处，能不能与自己对话，如果害怕独处，不愿与自己交流，说明不是自己的朋友。在这个世界上，最难处的不是别人，而是自己。一个不能与自己和谐相处的人，是难有喜乐人生的。

独处不是不合群，不是性格孤僻，更不是逃避现实，而是一种让自己身心自由、专注生活的智慧和能力。一个人只有独处的时候，才可以完全成为自己，才能有真正的身心自由。内心丰盈的人在独处时，不仅丝毫不会感到孤独寂寞，而且不希望别人打扰他的生活。因为有强大的内心自己陪伴自己，独处让他有足够的时间、空间和精力来丰富自己的生活。

只要有人的地方就会有是非，接触的人越多是非越多。人若能够喜欢独处，就能减少许多是非和烦恼。人们聚会的场面越大，越容易感到枯燥乏味。在一个追名逐利的社会，人际关系必然复杂。如果我们在衣食无忧以后，能够多关注自己的精神生活，控制无止境的物质欲望，少搞一些不必要的社交，人际关系就会简单很多，自己的生活也会幸福安宁很多。

著名长篇小说《百年孤独》中有一段话："比起有人左右情绪的日子，我更喜欢无人问津的时光。一个人最好的状态，就是独处的时候，安静自在，不用周旋于别人的情绪，也不必刻意判断他人的心思，自己陪同自己，回归一个真实的自己。”

优秀的人大多不太合群。合群是一种愿意与他人乃至群体在一起的倾向。合群是一群人的狂欢，成长需要一个人的孤单。不合群是表面的孤独，合群是内心真正的孤独，不合群的孤独背后历练的是能力。有智慧的人往往不喜社交，不喜社交不是不善社交，而是不喜滥交。越落后的社会，人们越需要合群；越发达的社会，人们越需要独立。在原始社会，人与人之间必须抱团，才能抵御灾害和野兽的侵袭。一个社会越发展，文明程度越高，人与人之间的关系就越简单。今后人的独立性会进一步增强，人们更愿意追求内心的平静和幸福，高质量的独处远胜低质量的社交。

多和正能量的人在一起。人体是一个能量场，每个人身上都带有能量，比如正能量和负能量。正能量是一种积极健康、向上向善、催人奋进的动力和情感。拥有正能量的人阳光、乐观、开朗、积极、友善、坚强、勤奋、有活力，充满信心和希望，坚信办法总比困难多。负能量是指人的负面情绪、心理、思想，表现为消极、悲观、脆弱、计较、抱怨、多疑、嫉妒、敌意等。拥有负能量的人情绪多变，看什么都不顺眼。本来任何事物都有好的一面、不好的一面，而他总是看到不好的一面。比如大家一起出去旅游，正能量的人看到的是山水美景等好的方面，使大家在一起心情舒畅；而负能量的人总是看到门票贵等不好的一面而唠叨抱怨，花钱买不愉快，大家的好心情被他给破坏了。有专家说，和一个消极悲观、喜欢抱怨的人在一起待30分钟，个人当时拥有的正能量就会被间接耗尽。我们有这样的体会：和消极的人在一起说完话，感觉沉闷压抑、情绪低迷；而和积极的人说完话，感觉轻松快乐、情绪良好。这就是对方能量对自己的影响。正面情绪能把生活变成天堂，负面情绪能把生活变成地狱。因此，在日常人际交往中，我们要尽量回避消极悲观、相处太累且带有负能量的人，多接近那些充满正能量的人。

说话反映一个人的修养

说话是给别人听的，需要考虑别人的感受。会说话是一种良性互动，你越会说话，别人就越快乐；别人越快乐，就会越喜欢你；别人越喜欢你，你也会越快乐，所以大家都快乐。会说话，就是说话让人舒服，至少不让别人因为你的话而难受。说话让人舒服的程度，可以检验一个人说话水平的高度和自身修养的程度。

每个人都希望得到他人的尊重。在日常生活中，尊重别人，其实就是在说话办事时顾及别人的感受。良言一句三冬暖，多说赞美别人的话，不说扫别人兴的话。顺人说话，成人之美，于己于人都没有坏处。多祝福别人的幸福，成全别人的美好心情，是一个人情商高、有教养的表现。

两年学说话，一生学闭嘴。人间多少事，都是嘴惹的祸。很多时候，说者无心，听者有意。话多不如话少，话少不如话好。不会说话不可怕，可以少说话，无话可说或拿不准时最好闭嘴。

说话要掌握分寸，养成嘴巴比大脑慢半拍的说话习惯。言论自由不是口无遮拦，用教养管住自己的嘴。因为口无遮拦不是直率，而是没有修养。标榜自己说话直的人，其实是说话不动脑子，不考虑别人的感受。对重大问题不轻率拍板，对人的评价不轻下结论，说话办事留有回旋余地。话不要说得太满，人不要熟得太快。话说得太满难以圆通，人熟得太快难以看准，交浅言深是人际交往的大忌。

群居守口，独居守心。在人多的场合尽量少说话，多听少说，听而不说。大家在一起时，往往说话越多、麻烦越多，彼此距离越远。一群人中最安静的人往往才是最有实力的人。

静坐常思己过，闲谈莫论人非。伟人议论理，凡人议论事，小人议论人。生活中常有一些人只要和别人在一起，就不由自主地背后议论他人，说人坏话。我们一辈子真正接触的人没多少，而且经常来往的人没几个，应该珍惜这种相遇的缘分。有些人你可以不喜欢，但不要在背后说人家的坏话。只要你说了，对方十有八九会知道。不论对亲戚还是朋友，如果你认为对方有过错，要么当面善意指出，要么宽容、谅解、隐忍。当面不说甚至满脸堆笑，却在背后嘀咕说人家坏话的，是人品出了问题。

不说抱怨人的话。抱怨是一种消极心态，解决不了任何问题。一旦养成抱怨的习惯，自己不仅没有好心情，还会因为影响别人的心情而遭人反感。经常喋喋不休地抱怨国家、社会、他人的人，至少是一个缺乏修养或心理不健康的人。张开大嘴抱怨是人的本能，闭上嘴巴思考体现一个人的智慧。

生气是人之常情，但生气时最好别说话。气不和时有言必失，情绪之下不可能冷静思考。因为两个人的沟通70%是情绪，30%是内容。如果情绪不好，沟通的内容就会被歪曲。在自己情绪不好时，或知道对方情绪不好时，最好不要沟通事情，即使家人也是如此。否则，不仅解决不了问题，反而会扩大问题。另外，不要与层次不同的人一般见识，因为那是在自寻烦恼，也是对自己无意义的消耗。认知水平越低的人越固执，越自以为是，越容易情绪失控。对于无关紧要的事情，顺人说话省三分力，沉默是避免争论的有效方法。

学会说幽默的话。幽默是语言的艺术、智慧的表达，是用轻松的语言说出深刻的道理，它能给人带来意味深长、回味无穷的欢乐。幽默有利于和谐人际关系，制造欢乐气氛，减轻生活压力。有时幽默还具有化解矛盾、振聋发聩的作用。

对人宽容

一个快乐的人不是因为他拥有的多，而是因为他计较的少。对人宽容能收获快乐，如太与人计较等于折磨自己。老看别人不顺眼时，其实是自己修养不够。总是抱怨别人不理解自己，试问，你对别人又理解多少？

人生有多少计较，就有多少烦恼；有多少宽容，就有多少快乐；跟多少人作对，就会失去多少快乐。你待人随和，愉悦的是你自己；他斤斤计较，烦恼的是他自己。跟别人过不去，其实是跟自己过不去。记着别人的好，忘掉别人的不好，严以律己，宽以待人，让自己在人际关系中拥有好心情。

清朝康熙年间有个大学士叫张英，有一次家人来信说为了三尺宽的宅基地，与邻居发生纠纷，要他利用职权疏通关系，打赢这场官司。张英看信后坦然一笑，给家里回信并附诗一首："千里修书只为墙，让他三尺又何妨。万里长城今犹在，不见当年秦始皇。"家人接到信后主动让出三尺宅基地。邻居深受感动，也主动让出三尺，最后形成了现在大家参观的"六尺巷"。这就是通过宽容和礼让成功化解矛盾的案例。它宽的不是宅基地，而是主人的心胸和格局，是人的心灵境界和包容礼让精神。有些农村人为几尺宅基地亲兄弟打得头破血流，有些城里人为多占楼道空间邻居反目，反映的就是一个人的心胸和格局。

对人宽容还表现在看清一个人时不一定要揭穿，讨厌一个人时不一定要翻脸，有时候用装傻、隐忍的方法扭转针锋相对的局面，换来和谐相处才是处理人际关系的上策。邻居、同事间最好不要闹得太僵，即使再不喜欢，面子上也要过得去。如果闹到相互不说话，却要抬头不见低头见，是一件很尴尬的事情。每天睡前请给自己进行一个清理，原谅所有的人和事，这样晚上将会有个好睡眠；早上醒来请不断暗示自己，原谅所有的人和事，这样白天将会有个好心情。一个人如果能够修炼到包容生活中的所有人与事的境界，还不能拥有喜乐人生吗？

婚姻家庭篇

HUNYIN JIATING PIAN

第八章　幸福婚姻靠经营

现在人的寿命越来越长，婚姻占去人生一大半时光。婚姻虽然不是生活的全部，但它是结婚者生活中最重要的部分，所以叫“头等大事”“终身大事”。俗话说：“生意做不成一次，配偶找不好一世。”不论男女，既不要草率结婚，也不要轻易离婚。

婚姻是人类社会发展到一定阶段的产物

关于婚姻家庭，恩格斯在《家庭、私有制和国家的起源》中曾预言：“家庭、婚姻、国家、私有制必然随着人类社会的进步而终将趋于消亡。”恩格斯指出，历史上一夫一妻制的出现，并不是个人性爱的结果，而是为了保存和继承私有财产而产生的。通俗地讲，人类社会经过长期的演化和发展，开始有了私有财产，也逐渐意识到两个问题：一是个人的财产如何能更好地传承给他的孩子；二是如何能确定孩子是否为亲生。这样就逐渐由群婚到对偶婚，再到一夫一妻制的确立。对偶婚是指一男一女在或长或短的时间内，不受约束但保持相对稳定的婚姻形式，是群婚制向一夫一妻制的过渡形态。它既不像多偶婚那样无固定性伴侣，又不像单偶婚那样固定一个性伴侣。

恩格斯关于婚姻消亡的预言在当时被很多人嘲笑，但短短100多年后的今天，这一预言似乎已经初露端倪。现在结婚率越来越低，而离婚率却越来越高，单身不婚者也越来越多。甚至有人预言婚姻制度将会在50～100年之后逐渐消亡。经济越发达，不婚人口越多。几十年前，西方一些发达国家不婚人口占总人口的30%，到2016年不婚人口超过半数。但婚姻即使消亡也有个过程，至少在人类社会现阶段，除一些自愿不婚者外，婚姻还是多数单身男女的选择。婚姻家庭不仅是必要的，而且是非常重要的。婚姻的好处有如下几点。

一是有个比较稳定的伴儿。英国剧作家托马斯·海伍德说："婚姻就像24小时便利店，它品种不多，但即使是凌晨3点，它还在那里等候你。"有个稳定的伴侣，生活有陪伴，精神有依托，人的身心容易安顿下来。越年老越需要伴侣，老伴的作用是儿女、保姆等任何人都无法替代的。

二是有个形成合力的家。婚姻不是为了享福，而是为了共同战胜困难。高尔基说："婚姻是两个人精神的结合，目的就是共同克服人世的一切艰难困苦。"有女人的家才像个家，有男人的家才是个完整的家。

三是婚姻有利于经济效益最大化。通过男女合作互补，促进资源整合和充分利用，相对于单身生活，组建家庭具有显著的节约资源、降低生活成本、提高经济效益等作用，比如住房、家具、水暖电气和一日三餐等。

四是婚姻有利于健康长寿。国内外研究显示，经常与异性在一起，尤其是能够长期、稳定地得到爱情滋润的人，身体好，气色佳，寿命也相对长。爱情是高级的化妆品，看一个女人的气色就大体可以知道她的婚姻质量，一个面容憔悴的女人很可能婚姻不够幸福。成家的男人生活更有规律，规律生活有利于身心健康。

五是婚姻有利于成长进步。婚姻是事业的坚强后盾，结婚使人安顿下来而不是总漂着。爱情的力量是巨大的，多数人结婚以后家庭、事业双丰收。不少男孩子在结婚以后，像变了一个人似的，干净了、懂事了、规矩了、勤快了、上进了、节俭了，其重要原因就是爱情的力量。

另外，婚姻还有利于传宗接代，推动人类社会的发展。

相爱容易相处难，长期相处难上难。婚姻是在一个复杂的社会环境中，将两个性格、家庭等各不相同的人，捆在一起朝夕相处，时间长了难免出现各种各样的问题。

为此，有人把婚姻比作鸟笼，外面的鸟想进进不去，里面的鸟想出出不来。其实任何事物都是有利有弊的，婚姻也是如此，我们应当趋利避害，用心经营自己的婚姻。

选择伴侣要少感性多理性

选择什么样的人做伴侣，就等于选择了什么样的人生。

与对的人结婚，就如同在风雨中找到了避风港，在外的一切烦恼回家后就烟消云散了。婚姻问题专家通过对大量失败婚姻案例进行分析总结后发现，幸福婚姻固然离不开经营，但重要的是选择什么样的伴侣。

性格决定命运。一个人的性格既决定自己的命运，也决定配偶的命运。婚姻不是简单地和相爱的人结合，而是和他的性格、习惯、家庭背景结合。不少人因为不了解而结婚，又因为了解而离婚。男怕入错行，女怕嫁错郎，其实男女都怕找错对象。所以，选择伴侣时要少感性多理性。很多人都明白这些道理，但问题的关键是如何在性格、相貌、身材、学历、工作、才华、人品、家庭、财产、地域等之间权衡。

选择伴侣时需要注意以下几点。

一是“三观”要基本相合。

虽然不可能要求世界观、人生观和价值观完全一致，但差距太大将来会有麻烦。婚前相处时，不要只顾热恋，要多注意对方的言行和性格。

（1）两人能不能聊到一起。两人可以多交流一些当下有争议的话题，如果观点经常大相径庭，请务必慎重考虑两人的关系。

（2）多观察对方的言行。比如，不爱看书学习，不爱动脑子想事，有空喜欢玩手机、打游戏的人，很可能是个缺乏上进心和责任感的人；做任何事情都觉得很简单，喜欢高谈阔论的人，往往没有多少真本事。

（3）多留心其性格特点。比如，性格怪异，喜怒无常，缺乏阳光心态，喜欢查看对方手机，成天愁眉苦脸，爱抱怨的人；平时看起来衣冠楚楚、礼貌温和，一旦着急就失去理智、高门大嗓、出言不逊，在饭馆气急败坏地催菜或训斥服务员的人；一个口口声声说爱你、没你就活不下去，对自己割腕、烟头烫皮肤等采取极端手段追求异性的人，通常是一个性格极端、生性残忍的人。

（4）了解对方家庭背景和成长环境。比如，要特别注意“妈宝男”，及早觉察对方是否愚孝。结婚后还像没断奶的孩子离不开妈的男人，至少是一个心智不成熟的人。常言道，“娶妻看娘，嫁夫看爹”，其实应该是“娶妻看娘，嫁夫看爹娘”，母亲对孩子的影响非常大。

（5）旅行是了解对方的最好时机。旅行中舟车劳顿、麻烦频出，容易让人本相毕现。细节决定成败，旅行中的一些小细节，点点滴滴的拼凑，就能看出一些名堂来。一般来说，一对男女如果无法一起愉快地旅行，以后很难做夫妻。

二是适当考虑“门当户对”。

人们常说的门当户对，一般是指在家庭社会地位、经济状况和家庭成员文化程度等方面相称、对等。而这里讲的“门当户对”，除了上述提到的“三观”要基本相合外，还有以下3点。

（1）在生活方式上彼此接纳。选择伴侣不仅是选择一个人，更是选择一种生活方式。再好的感情，也会被条件不般配所带来的生活琐事给磨没了。要了解对方的生活方式，因为婚姻就是柴米油盐，两个人在一起，不一定要有完全契合的生活方式，但一定要能够接纳彼此的生活方式。

（2）在精神上共同成长。高质量的婚姻，应该是精神上的“门当户对”。婚姻过得越久，精神上的共同成长就越重要。在诸多具体琐事争执的背后，折射出的是世界观、人生观、价值观，是彼此不同的人生态度和精神素质。

（3）在行动上共同努力。爱可以让两个人走到一起，但如果想要婚姻过得长久，两个人必须共同努力、共同成长。

三是要多听老人言。

老人言，是口口相传保留下来的人生智慧，是祖辈们受过的苦、吃过的亏、走过的弯路的经验总结。不听老人言，吃亏在眼前，其实吃亏更在长远。大量事实表明，父母不赞成的婚姻多数是不会幸福的，因为他们是过来人，比你见得多、看得准、想得远。找一个家人和朋友都不看好的伴侣，一定要极其慎重。

四是有爱大胆说出来。

面对喜欢的事应敢于尝试去做，面对喜欢的人应敢于尝试去追。无论结果如何，努力了才不会遗憾，有时错过一时便错过一世。爱情这东西，如果当时没有抓住，过后就只有后悔，没有谁会一直在原地等你。

有个女孩子，喜欢上一个高大帅气、才华横溢的男生，但她总感觉自己与其不般配，就想着等自己足够优秀后再表白。但等自己优秀了，人家却已结婚了。她心里总是纠结而放不下，一直单身。而该男生后来知道了女生的隐情，心里也是五味杂陈。

五是强扭的瓜不甜。

不论男女，与苦苦追求自己很久的人结婚要慎重。因为一开始没有打动你的人总是有原因的，比如对方没有达到你当时所期望的。一旦结合后，原来仰望你的一方会降低仰望的姿态，你一直被仰望着的心理会失衡。原本应该平等的恋人由于开始的不平等，在婚后逐渐趋于平等的过程中会产生矛盾。爱情是双方的，不论男女，不管多爱，都不要卑微地去找一个不爱自己的人。

六是拒绝要注意方法。

长篇小说《洛丽塔》里有句话：世界上有三样东西是藏不住的，贫穷、咳嗽和爱。对追求自己但自己不心仪的异性，不要虚荣窃喜、装傻暧昧，更不要占对方的便宜，正确的做法是及时用婉转礼貌的语言明确告诉对方你的想法。对于疯狂追求自己的异性，在拒绝方法上要慎重考虑。要了解对方的性格、家庭和精神状况，如果对方性格内向、偏执，或者你难以判断其是否正常，拒绝时别简单粗暴或操之过急，要认真考虑拒绝的方法，给对方一个心理适应的过程，并采取防范措施，防止发生问题。

总之，选择伴侣要理性、慎重。不论男女，结交异性朋友时，最好要知道点儿对方的底细，或者有可靠长辈、朋友的介绍，并经过较长时间接触和观察之后，方可确立关系。对不知底细的人一定要慎重，防止上当受骗。不要早恋，最好也不要晚恋。早恋往往因为“不懂”而盲目、冲动、草率行事。一般而言，可以先有“目标”，但最好在学校毕业走向社会后再正式谈恋爱，避免因深造、就业和生活地点等问题带来麻烦。晚恋可能因为“太懂”而挑剔、犹豫、缺乏激情。另外，恋爱经历太多、换恋人太频繁不是好事，会过多比较、优柔寡断，从而激情减退。更不要因为狂热、年龄大或父母催婚等原因而仓促进入一场婚姻。草率的婚姻少美满，不要迷信什么一见钟情、浪漫的邂逅，小说和电影里的情节大多不现实。最好不要两地分居，虽然距离产生美，但距离还是爱情的头号敌人，人容易对离自己较近的异性产生好感。异地恋的婚姻，当时有多美好浪漫，可能后面就会有多痛苦和无奈。

婚姻是一种互利合作关系

婚姻的本质是为了更好地生活，通过契约组成的命运共同体，是一种互惠互利的合作关系。结婚前，首先一定要考察对方是不是过日子的人。结婚是一种新关系的开始，需要夫妻双方共同用心经营。

一般来讲，在一个家庭里，物质生活水平主要由男方决定，精神生活水平主要由女方决定；男人决定家庭的高度和富裕程度，女人决定家庭的温度和快乐程度。家庭富裕主要靠男人，家庭温馨主要靠女人。幸福其实就是一种感觉，在物质生活改善以后，精神生活决定家庭的幸福。也就是说，在一个衣食无忧的家庭里，其幸福程度主要取决于女人。

对于一个男人来说，责任感和上进心是必须具备的。有责任感和上进心，才能对事业、对家庭有担当。人可以本事小，但不能不上进。事实上一个不断进取的人，本事也不会小。在一次“钻石婚”楷模颁奖典礼上，主持人问一位老太太：“您觉得老公有缺点吗？”老太太回答：“多如天上繁星，数都数不清！”主持人又问：“那您老公优点多吗？”老太太答：“很少，少得就像天上的太阳！”主持人不解地问：“那您为什么可以与他生活60年而且如此恩爱？”老太太答：“因为太阳一出来，星星就看不见了！”作为男人，不怕有缺点，就怕没有“照耀”家人的优点。男人要有家庭责任感，并有挣钱养家的能力。有让家人过上好日子的强烈责任感，才有上进心，才会干正事，这样的男人不会把时间浪费在玩游戏或胡吃海喝上。

男人是家里的主心骨，一定要有主见，能够把握家庭建设方向，做事有预见会安排，让老婆孩子心里踏实，有安全感、依靠感。

居家过日子，少不了柴米油盐、小修小理。家里有个心灵手巧、勤快能干的男人，女人能少操心，家庭的幸福指数也会提高。有的女人说：“跟他过日子，我啥事都不愁，不论大事小事，他总有办法解决，我们家挺顺的。”这个“挺顺的”，其实就是男人里里外外挺能干的显现。一个家里家外一把手的女人，往往其背后有个不争气的男人。

温柔是女人最有力的武器。温柔的本义是温暖柔和，核心是善良贤惠。不论在婚姻里、社会上还是职场中，温柔都是女人的“护身符”。女人越柔情似水，男人就会越旺。强势的女人背后，往往有个懦弱无能的男人。即使有能力的男人，遇上强势女人的摧残，也会逐渐衰落成一个懦弱的男人。一个温柔的女人能把男人打造成一个顶天立地的爷们，一个强势的女人能把男人摧残成一只唯唯诺诺的绵羊。很多时候，当女人在家呼来唤去、调教出一个办事员丈夫时，丈夫在外面也很可能就是一个办事员。对于丈夫，妻子越批评他没本事，他就会越来越没本事。每个痛苦或失败的男人背后，往往都有个拿自己丈夫跟别人比，成天贬损训斥、大吵大闹的女人。别试图把配偶改造好，如果方法得当，可能会把对方鼓励引导好。

一个女人，不管自己多漂亮，不管丈夫多优秀，一定要有独立生活的能力。“干得好不如嫁得好”是严重的误导，什么好都不如自己好。千万不要相信男人“我负责赚钱养家，你负责貌美如花”的话，照照镜子，看看自己是不是貌美如花，能不能长久保持貌美如花。在当今社会，想通过婚姻得到轻松安逸的生活，这完全是幻想。总期待用婚姻改变命运的人，最后都会失望，如果没有失望，说明自己在努力。为什么有的人恋爱谈得好好的，但一结婚就出了问题？因为恋爱的本质是感情交换，而婚姻的本质是价值交换。婚姻是两个人的互相帮助、互相吸引，是一种资源交换，不是一个人占另一个人的便宜。两个人在一起过日子，不可能一方总是付出、一方总是得到。所以，在爱情婚姻中，每个人都要努力成为更好的自己。

经济独立是人格独立的前提。夫妻双方不管哪一方在生活上、经济上过分依赖伴侣，时间长了想得到伴侣的尊重，那是不可能的事。世界上没有免费的午餐，伴侣说“我养你”，其实是让你在家洗衣、做饭、搞卫生、带孩子、伺候一家老小。把安全感寄托在别人身上是最不安全的事，因为人只要活着都是有可能变的。无论你现在过着多么优越的生活，都不能安于现状而放弃自我成长，不能没有独立生活的能力，爱情至上是靠不住的。除非自己在经济方面有了底气，否则你想放弃工作，或伴侣让你放弃工作，你一定要慎重，不要轻易丢掉自己的饭碗。

善待配偶就是善待自己

两人既然走到一起，就成了命运共同体，所以善待对方其实也是善待自己。善待配偶从尊重开始，夫妻应当是互相尊重的朋友。当将对方当成最好的朋友时，婚姻关系最易稳定。

智慧的夫妻，懂得尊重对方、取悦对方、替对方着想，而不是以自我为中心。有一对夫妻，丈夫喜欢吃榴梿，妻子每次逛水果店时都会给买一些。而丈夫总是拿到小区的草坪上吃，吃完后再嚼点儿口香糖，防止将味道带回家。就这样，妻子知道丈夫喜欢吃，所以总给买。丈夫知道妻子不喜欢榴梿的味道，所以总在外面吃。还有一对夫妻，丈夫怕热，妻子怕冷。夏天空调冷，妻子会多穿点儿，冬天暖气热，丈夫会少穿点儿。而不是夏天妻子不让开空调，冬天丈夫不让开暖气。一些夫妻因为类似问题闹矛盾，其实是一方或双方太自私，没有为对方着想，更不懂得尊重对方。

男人对自己的尊严看得比什么都重要，因此不管在私下他多么宠你，但在人前一定要给足他面子，让他做顶天立地的男子汉。

不懂维护丈夫尊严的女人是不明智的女人，妻子鄙视丈夫是男人最大的不幸。聪明女人往丈夫脸上贴金，愚蠢女人往丈夫脸上抹黑。在外宣扬自己男人的不是，别人听了只会当笑柄甚至幸灾乐祸。因此，在外面一定要多维护男人的尊严，别当众撕他脸皮。敬他，别人赞美你；贬他，等于贬自己。

幸福家庭都有一个共同点，就是家里没有控制欲很强的人。有个电视节目：一对年轻夫妻，结婚3个月丈夫就提出离婚。丈夫控诉妻子每天翻他的手机、口袋，每天盘问自己手机里与女性联系的情况，甚至背着自己给公司一位女同事打电话，让其离自己的丈夫远一点儿。丈夫说他每天回家就像进了监狱。还有的配偶在床下偷放录音笔，有的给妻子鞋跟里安装窃听器，其实这都是没事找事、自毁家庭的做法。

无论男女都需要得到尊重和疼爱，相对而言，男人更需要尊重，女人更需要疼爱。疼爱妻子，最重要的是设身处地地关心妻子的身心健康，而不是送几朵玫瑰、过个情人节，或迎合妻子爱吃垃圾食品、不吃早饭、不爱运动等不良生活习惯。比如，高度重视妻子的人身安全，即使再累也要去接下夜班的妻子；不让妻儿在家吸二手烟等。细心的男人不会让妻子在生理期那几天干重活、着凉水。一个真心疼爱妻子的男人，会积极分担家务，和妻子一起做饭洗碗，苦活累活抢着干，而不忍心让妻子太操劳。与妻子有矛盾时，可以拌嘴，但绝不动手。爱情是女人最好的化妆品，被爱情滋润的女人气色不会差。

女人不经老，所以需要疼爱。男人不经活，所以需要善待。男人虽然是家庭的顶梁柱，却是一个脆弱的群体。纵观整个世界，女人大都比男人寿命长。在老年夫妻中，多数男人比女人走得早，有的早走好多年。据报道，全球各地的百岁老人中，女性占95%以上。即使气壮如牛的汉子，突然离世的也并不少见。

男人看似坚强，其实他们把人生中遇到的所有压力、苦难、屈辱、失落、挫败、沮丧、病痛，全部隐忍在自己心里而“有泪不轻弹”。这种憋屈在心中的情绪，就会像电脑病毒一样积累在身体里。有位医学专家说：“男人得胃病有两个原因，要么受上司的气，要么受老婆的气。”经常受老婆气或内外两头受气的男人，容易患上癌症和心脑血管疾病。发火，是男人哭泣的方式。面对男人大发雷霆的时候，善解人意的智慧女人懂得以柔克刚，而不是火上浇油、针锋相对。

配偶是生命中最重要的人。茫茫人海，两人能走到一起是缘分，能一直走下去是幸运。不论寿命长短，夫妻总有一个会先走，而且可能走得非常突然，有时连一句话都来不及留下。两人在一起，朝夕相处，面对生活琐碎无法忍受时，就好好想想这句话：总有一个会先走。既然成为相依为命的伴侣，就应用心善待配偶，尽可能不留遗憾。否则，伴侣突然没了，失去陪伴，失去依赖，孤单凄凉，茫然无助，那种心里空落落的感觉，你现在是无法体会到的。

听听两位网友的心声：

网友1：老公突发疾病离开，连一句话都没留下。我孤单凄凉时哭，买粮买菜等提点儿重物时哭，遇到小修小理等不会干的事时哭，看到小区老人们搀扶结伴时哭。回想他的音容笑貌和我对他经常粗暴的态度，我的内疚后悔之心久久难以退去。他走了我才强烈地感到，我即使用轮椅推着他，也比没有他好一万倍，我宁愿当他一辈子的老保姆。这种刻骨铭心的伤痛，只有遇到的人才能体会到。

网友2：妻子因病而去已经三年，好长一段时间我每天开门而睡，全然不顾呼啸的北风进来。总想着外面冷、家里温暖，她一定会回家！时常在梦中听见她喊我开门，于是鱼跃起身迅速开门，只见楼道空空一片寂静。希望都还健在的夫妻，好好对待自己的另一半，因为那一天终究会到来，一旦到来，痛苦后悔的眼泪是没有用的。

一些夫妻磨合了几十年都没有磨平，退休后还经常为些鸡毛蒜皮的事和老伴争吵，最后争死一个，对方后悔莫及。世上没有后悔药，不要等失去了才知道珍惜。

经营婚姻的智慧

每个人的成长环境都不一样，夫妻双方在各自原生家庭中已经形成的生活习惯、认知水平是根深蒂固的，不是步入婚姻后就可以轻易改变的。在漫长的岁月里，总会不断遇到各种各样的问题，作为两个成年人，分歧和冲突是肯定存在的。夫妻和谐相处，主要靠的是沟通、包容与忍耐。夫妻之间发生矛盾，出面劝说的人越多，矛盾越不容易解决，所以必须学会自我消化，动不动就找长辈或让朋友评评理是非常愚蠢的做法。

夫妻相处需要相互妥协和包容。婚姻是一种妥协的艺术，一个懂得迁就包容，另一个懂得适可而止，是和谐夫妻的相处之道。具体方法如下。

一是婚姻生活不能太精明。法国文艺复兴时期的思想家蒙田说："美好的婚姻是由视而不见的妻子和充耳不闻的丈夫组成的。"恋爱动脑，婚姻动心。动脑偏重于理性，动心偏重于感性。恋爱是在茫茫人海中找一个与自己终身相伴的人，当然需要多理性少感性。婚姻是与已经找到的人朝夕相处过日子，所以夫妻要真诚相待，不能耍心眼、互相算计。如果两个人都太精明，什么事都要弄个明白，还想征服对方，那就很难过下去。

二是一方有情绪时另一方应妥协。夫妻吵架没有胜利者，结局不是握手言和，就是两败俱伤。吵架吵到一定程度就不再是争对错，而是为了发泄情绪、争一口气，这时双方都会被情绪牵着走，越吵越凶，越吵话越离谱。有位婚龄近50年的男人说："我和妻子在许多年前就有个约定，两人之间无论生多大气，都必须遵守这个约定：如果一个人大吵大闹，那么另一个就必须一声不吭，静静听着。如果两个人都大喊大叫，那么就毫无沟通可言，只剩下噪声了。"当两个人吵架时，如果有一个人愿意放下身段向对方示好，另一个人也愿意配合，这样的矛盾就容易化解。

夫妻间可怕的不是吵架而是冷漠。在感情的世界里，当一个人对你风轻云淡、懒得说话、"相敬如宾"时，说明爱已经远去。所以当另一半挑剔你不吃早饭、不讲卫生等生活习惯，其实是在意你、关心你。感情深的夫妻，无论吵闹多少次，说多少伤人的话，最后还是会因为舍不得对方而和好如初。没少吵架却还能相伴一辈子的夫妻，是婚姻生活中的智者。他们该发脾气时不忍气吞声，该刹车时也不把对方逼到死胡同，发泄了，气消了，日子继续过。

三是婚姻生活需要忍耐。相爱一辈子，争吵一辈子，忍耐一辈子，这就是夫妻。国学大师张中行在《婚姻》一文中，将婚姻分为四个等级：一是“可意”，即称心如意。二是“可过”，虽不十分满意，但可以把日子过下去。三是“可忍”，虽然很不满意，但仍处于能够忍受的程度。四是“不可忍”，即忍无可忍，感情已经彻底破裂，日子没法过了。

婚姻中的男女，“可意”和“不可忍”的是少数，“可过”和“可忍”的是多数。现实中有些人轻易把“可过”“可忍”变成了“不可忍”，所以离婚率攀升。

“词坛泰斗”乔羽，在2004年和夫人举行金婚庆祝活动时，有人问“一个男人和一个女人居然能共同生活50年”的体会，乔羽说：“如果让我实话实说，我只有一个字，那就是‘忍’。”没等众人反应过来，夫人接了一句：“我有四个字，‘一忍再忍’。”大厅里顿时掌声、笑声不断。

白头偕老有时候与爱情无关，多归功于忍耐。真正爱你的人，才会一直愿意忍耐你的不完美。如果都有忍耐之心，天下绝大部分夫妻都能白头偕老。据统计，离婚80%由女方提出，既与男人不尽责任有关，也与女人忍耐力差有关。

每个人都是独立的个体，都有自己独特的思想和生活习惯，你喜欢的别人未必喜欢，你追求的别人未必想要。想改变一个人很难，甚至会适得其反。杨绛在《我们仨》一书中讲，她平日里喜爱整洁，常将毛巾叠得有棱有角。但钱锺书和女儿钱瑗用完毛巾后，总是随意一搭就完事。杨绛因此说了他们好几次，可当她发现他们根本没听进去后，便不再要求他们，而是自己默默地把毛巾叠好再放回去。在提醒别人无效时只能有两个办法：一是自己不厌其烦地纠正；二是宽容忍耐去适应别人。人越成熟越能体会到，世界不是以自我为中心的，总期待他人按自己的意愿行事，注定会落空或产生矛盾。

四是夫妻恩爱还体现在好好说话上。年轻夫妻说情话，中老年夫妻说废话。幸福的婚姻是什么？大概就是找到一个愿意听自己说废话的人。

人都有倾诉欲，想向别人说出自己想说的话。看似无用的废话，实则却是感情的润滑剂。能够放松心情、畅所欲言、海阔天空、争先恐后地说废话，是夫妻关系最好的状态。如果老说“你哪来那么多废话”的夫妻，说明感情有问题。

夫妻间的沟通也要讲究说话艺术，要懂得取悦对方，多说赞美鼓励对方的话，而不是成天贬损对方。

从下面两对夫妻的对话中可看出婚姻质量。

第一对夫妻：一个酷热的夏天，丈夫在外面干活回到家里。丈夫：“我回来啦，好热的天啊！”妻子：“是太热了，在家里待着都流汗，何况你在外面拼命干活呢！快拿这把扇子扇扇！”丈夫：“不用不用，这点儿热算不了什么！我只是回来喝口水后再出去干一会儿！”妻子一句简单关心的话语，让丈夫干劲倍增。

第二对夫妻：同样是一个酷热的夏天，丈夫在外面干活回到家里。丈夫：“我回来啦，好热的天啊！”妻子：“夏天嘛，哪能不热，也不是你一个人热！”丈夫：“你说的是什么话？是不是想找碴儿吵架啊？”夫妻俩你来我去吵闹一番后，丈夫回卧室躺去了。从字面意思看，妻子的话也没什么错，但就是叫人听了不舒服。究其原因，不是平时夫妻关系紧张而妻子怄气，就是妻子不会说话而反映其情商低。

五是夫妻矛盾千万不能动手。动手是夫妻感情的大忌，对夫妻感情的伤害非常大。婚前最好立下绝不动手的“君子协定”。女人“驭夫”的绝招是轻声说重话，用温婉的方式说出震撼丈夫心灵的话效果最好，歇斯底里、大喊大叫，会把丈夫的耳朵喊“聋”、脸皮喊“厚”、拳头喊“硬”。如果气头上做不到柔声细语就闭上嘴巴，此处无声胜有声。

六是夫妻感情是陪出来的。夫妻间最浪漫的三个字不是“我爱你”，而是“在一起”，能够陪伴就是爱。夫妻的感情，因爱而发展，因陪而长久。没有陪伴，再深的感情也会变淡。现在经常有女人抱怨自己是“保姆式妻子、丧偶式育儿、守寡式婚姻”。即使工作再忙、家务再多，也不能对配偶不管不顾。我们常说亲子感情是陪出来的，其实夫妻感情也是陪出来的。一般来说，闲暇时间喜欢一起行动，经常出双入对的夫妻，感情更好，幸福感更强。有婚姻研究机构发现，玩乐与婚姻幸福之间关系密切，能够一起玩乐的伴侣，婚姻关系更牢固。

虽然夫妻需要陪伴，但也不宜成天黏在一起，距离产生美的规律也适用于夫妻关系，亲密有间比亲密无间好。任何人在一起互动频率太高，都会产生矛盾和厌倦。夫妻相处应该是既彼此陪伴又相互独立，双方不是控制，更不是占有。可以出双入对，但不要追求形影不离。可以有各自的爱好和活动，可以互不打扰，这样相处才能轻松不累。

七是在配偶犯错后要宽容。既然事情已经发生了，责怪也没用，反而会伤害感情、激化矛盾，让对方更加痛苦。你越不责怪，对方越内疚，不仅会感激你的宽宏大度，而且还会更加吸取教训。这时，让过错方自我反思比什么都重要。

冷静处理婚姻危机

外面的世界很精彩，诱惑也很多，婚外情成了婚姻的“杀手”。大量案例表明，婚外情并不可怕，可怕的是婚外情发生后的处理方法。如果处理得好，对两人和孩子及双方家庭都是幸运的；如果处理得不好，两人及家庭都会受到更大的伤害。当发现配偶有婚外情时，一定要保持冷静，让自己在平和的心态下处理问题。具体方法如下。

一是接受现实。处理此事急不得、快不得，不是趁热打铁的事，需要冷处理、慢处理。在真相大白之后，受到伤害的一方，震惊、委屈、愤怒时，确实难以冷静，但此时必须冷静，冷静是后面一切行动的前提和基础。

二是思考处置办法。一个人冷静思考是放弃婚姻还是挽留婚姻。即使放弃婚姻也要在冷静一段时间后再慎重决定，防止造成冲动时想放弃、冷静后又不想放弃的被动，或冲动时光想着报复惩罚对方，而给平静后的婚姻家庭带来麻烦。

三是要家丑不外扬。这种事过分依赖他人出谋划策，往往会把事情弄得更糟，而且参与出主意的人越多越不好。宁肯找婚姻专家、法律顾问、心理医生，也不要盲目找家人、闺密、朋友支着儿，避免因歪点子带来不良后果。即使家人，其站的立场与婚姻当事人也不尽相同。假如你在抓狂泄愤、家丑外扬后能够重修于好，你将会面临双重障碍：既要修补内部的婚姻关系，又要修补家庭和外面的关系。即使选择离婚，也没必要广而告之、人人皆知。

四是给伴侣台阶下。如果选择挽救婚姻和家庭，当发现伴侣有婚外情时，可认真严肃地跟其交流，提醒其要头脑清醒，珍惜家庭，珍惜名誉，珍惜职业，或许对方能为有你这样理智的好配偶而羞愧和感动，会痛改前非、悔过自新，“浪子回头金不换”。此事过后不再提起，如果老是旧事重提，整天揭对方的短，甚至以此挖苦、讽刺、侮辱、要挟对方，会使对方心灰意冷，引发新的不良后果。

五是冷静分析造成婚姻危机的原因。配偶发生婚外情，不少人把原因归咎于外面的诱惑，迁怒于第三者，认为只要第三者离开，婚外情问题就会自然解决。其实不然，婚外情的根本原因在于夫妻关系出现问题，或当事人的思想观念出现问题。有的是夫妻感情不好，彼此吸引力减弱，一方或双方想到外面寻求刺激或慰藉。有的夫妻关系没问题也会出现婚外情，即使妻子再漂亮再贤惠、丈夫再帅气再能干，婚姻中也有出轨的，这就是过错方难以抵御诱惑的问题。因此，需要解决的不是配偶与第三者的关系问题，而是自己与配偶的关系问题，或过错方自身的问题。否则第三者走了，可能第四者、第五者还会来。当然成功分离第三者，对挽救婚姻也是很有必要的。

六是坚决不做违法犯罪的事。在现实生活中，有太多因处理配偶出轨问题不当而造成严重后果的教训。比如有的伤害出轨者或第三者，让自己不仅面临经济损失，而且还可能有牢狱之灾，为了一个不爱的人付出如此大的代价是不值得的。

对因婚外情而导致的婚姻危机，双方都应冷静对待，如果可以调解，最好还是挽救婚姻。但明知婚姻不可挽回还不愿放手也没有任何意义。

在人生的旅途中，能有一个称心如意、和睦相处的伴侣是幸运的；如果没有，就独自前行，虽然孤单一些，却也自由清静。最不幸的是明明彼此厌烦，却还要长期朝夕相处，让本就艰辛的人生之路雪上加霜。

第九章　家庭建设，人人有责

人生最大的幸福莫过于家庭的幸福。无论任何人，能在自己家里找到幸福，才是最幸福的。家是人们的安乐窝、避风港。好的家庭，家人在外面的烦恼回家后烟消云散。不好的家庭正好相反，回家后还不如在外面快乐。

家是最小国，国是最大家，治家如治国，治家比治国难。法国文艺复兴时期的思想家蒙田说："治理一个家庭比统治一个王国更难。"能治理好一个单位、一个地区甚至一个国家，但不一定能治理好一个家庭。有的人能管得了千军万马，却管不好自己的老婆孩子。一个家庭的建设和发展，首先是要把正建设方向，一切从自家的实际出发，坚持以人为本、全面协调可持续发展，重视家风、家规、家教建设，促进家庭和家庭成员的健康发展。

家庭教育影响孩子的一生

教育孩子需要家长、学校、社会相互配合，但与学校、社会相比，家长与孩子接触最早、时间最长、影响最大。可以说，父母是孩子的第一任老师。父母的一言一行，会对孩子有着潜移默化的影响。

良好的家庭教育是孩子成长的关键。著名教育家朱庆澜在《家庭教育》一书中有个“三道染缸”的经典比喻。孩子生下来好比雪白的丝，家庭是第一道染缸，父母教养得好，白丝染成红底子；到了学校得到老师的引导，将红底子加一层，染成大红；到了社会上，即使遇到坏朋友、坏染缸，想把他染成黑色，但他那大红的底子一时不会变黑；如果遇到好朋友、好染缸，不用说，自然会变成真正的朱红，成为对社会有用的人。如果父母教养得不好，把白丝一下缸就染成了黑底子，到了学校即使有老师引导，想再把他染成红色，那黑底子已难以褪去，就是勉强为他加一层红色，仍旧是半红半黑；如果得不到老师的正确引导，到社会上再遇到坏朋友，将黑底子一层一层加上黑色，后果不堪设想。

每个孩子来到这个世界都是一张白纸，但走着走着差距就拉开了，甚至天地之差。有的孩子长大后能够自立，不用父母操心费力。有的孩子不仅能自立，还能让父母跟着享福。而有的孩子让父母操不完的心。之所以差别如此之大，与家庭这“第一道染缸”的“底色”没染好有极大关系。不重视子女教育，或不懂子女教育，或夫妻只顾忙于工作，把孩子交给老人、保姆或寄宿学校，都是为人父母最大的失职。

有人说，以前好多父母大字不识一个，但子女仍然非常优秀。其实文盲并非不会教育，朝夕相处的陪伴，良好的家风家规，父母的言传身教，就是最好的教育。现在有的父母看似重视孩子的教育，其实他们重视的是物质溺爱、精神控制、考试成绩、课外兴趣班，而不是孩子的人格养成和全面锻炼，所以会出现一些所谓的巨婴、白眼狼或精致的利己主义者。

孩子最好是自己带。刚孵出来的小鹅，在破壳而出后会“热爱”并跟随第一个对它和善的动物，并将此当作它的母亲，如果出壳后见到的是某个人，那么它以后会“热爱”并跟随这个人。人类也是如此，“天生喜欢和热爱”抚养他的人。父母的亲情是不可替代的，再苦再难，做父母的也要把孩子带在身边，尽可能地多陪孩子。孩子越小，父母对孩子的陪伴越重要。生不亲养亲，亲子感情是陪出来的，千万别把“隔代帮忙”变成“隔代抚养”。

母亲对孩子的影响伴随一生。西方有句教育格言：“推动摇篮的手就是推动世界的手。”伟人身后往往有个伟大的母亲。宋庆龄说：“孩子们的性格和才能，归根结底是受到家庭、父母的影响，特别是母亲的影响最深。”

父亲的作用不可忽视。父亲为男孩提供基本行为模式，为女孩提供基本异性模式。缺乏父爱的孩子容易懦弱自卑、内向孤僻、缺乏安全感。缺乏父爱的男孩容易女性化，缺少男子汉的阳刚之气。缺乏父爱的女孩会惧怕、不信任、不尊重男性，或喜欢叔叔型男性而误入歧途。

父母对孩子的心理影响力，不在于父母挣钱多少、本事多大、事业多成功，而在于父母为孩子生命的初期付出的辛苦有多少，在于陪伴孩子的时间有多少。很多忙于工作的“成功人士”，子女教育失败的教训就在这里。3岁前是孩子建立安全感的重要时期，在这个时期父母一定要陪在孩子身边。当然不是让父母辞职带孩子，而是在工作之余尽量用心多陪孩子。如果还没有准备好为人父母，就不要轻易把孩子带到这个世界上来。

把正养育子女的方向

现在有不少父母对孩子的重视和关爱，多是聚焦在吃喝穿戴、买玩具、兴趣培训班、考试分数之类。这些父母认为，家庭教育就是开发孩子的智力，让孩子两三岁背唐诗，四五岁开始上各种兴趣培训班，上学后考试成绩名列前茅，将来能考上名牌大学。这是家庭教育的一大误区。其实家庭更重要的任务是孩子的人身安全、身心健康、人格养成和生活能力锻炼。“教书的是学校，育人的一定是家长”。现在孩子出现的问题主要不是在智力、学历上，而是在安全健康、人格养成和生活能力上。

用心守护孩子，把孩子的人身安全放在首位。据统计，我国每年至少有几万名儿童因溺水、坠落和交通事故等意外伤害而死亡，造成太多父母、亲人一生不可磨灭的心痛。绝大多数孩子的意外伤亡，是因为父母等监护人看管不严造成的。所以，带年幼孩子一定要用心、专心、细心，全方位安全管控。

重视孩子的身体健康。有数据显示，我国中小学生的近视率不断上升，导致近视的重要原因是缺乏户外运动、过度使用电子产品和学业负担过重等。青少年高血压等问题不容忽视，营养过剩、高盐高糖饮食、缺乏运动、肥胖等是血压升高的主要原因。

父母要成为孩子的知心朋友。良好的亲子关系是教育孩子的根本。平时要与孩子多进行感情交流，而不是居高临下地发号施令。孩子只有信任、喜欢大人时才能敞开心扉，有事才会告诉大人。如果孩子遇事宁可藏着掖着，也不向父母倾诉和求助，就可能造成不良后果。

孩子成人比成才重要。家庭教育的首要任务是孩子品行的培养。苏联教育家苏霍姆林斯基说："如果善良的情感没有在童年形成，那么无论什么时候你也培养不出这种感情来。"一个道德品行好、综合能力强、心里充满阳光的孩子，即使成绩不是太好，到社会上也会有很强的生存能力。所以，既要重视当前的小考，更要重视人生的大考，培养孩子健全的人格比什么都重要。当然肯定也要看重孩子的学习成绩，在该学习的年龄不能图轻松。但现在的问题是有些家长太着急、太焦虑，要求也太高，而且采取的方法又太偏太极端。教育部多次下发通知，要求家长在家庭教育中遵循孩子的成长规律，不要学校减负、家长增负，不要不问兴趣、盲目报班。太多的兴趣班会让孩子麻木、失去兴趣，甚至怀疑人生的意义。为此，教育部出台了“双减”政策，直接限制了学科类校外培训机构的规模，缩减了进行课外培训的时长，减轻学生过重作业负担和校外培训负担。

让孩子做“人中人”。“吃得苦中苦，方为人上人”一直是很多家长教育孩子的座右铭。但教育家陶行知说：“既不做人上人，也不做人下人，而要做人中人。”鼓励孩子争取优秀，但不要过头，更不要盲目攀比。“人上人”毕竟是少数、个别，如果是大多数就不叫“人上人”。为了做“人上人”、上名校，让孩子活得太累太痛苦，学习的压力太大，不仅影响孩子的身心健康，而且会发生意外。近年来，多次发生高考成绩不好的孩子花钱伪造名校录取通知书的尴尬事，有的村里为其挂横幅、放鞭炮庆祝，有的家人准备摆宴席庆贺，有的母亲得知孩子造假后晕倒在招生办。孩子挖空心思编造谎言，显然是压力太大，不敢面对望子成龙的父母。

学本领比学知识重要。有教育专家与大公司人力资源部门共同研究表明，成绩太好的孩子光有知识，成绩太差的孩子缺少知识。那些父母管束较少，自己兴趣广泛，成绩中上等的孩子，到了社会上都有出息。95%以上的工作，智商中等、成绩普通的孩子都能胜任，但能否得到机会或提拔，是由处理人际关系的能力即情商决定的。由于父母太在意孩子的成绩，每天回家就是做功课，从小到大心中只有分数、眼中只有自己，缺少其他生活体验和锻炼机会，这类学生通常情商不高，心理素质也比较差。

健全的人格比什么都重要。教育家蔡元培先生说："决定孩子一生的，不是学习成绩，而是健全的人格。"影响孩子人格培养的因素是多方面的，比如过于功利的社会环境，对孩子娇生惯养，单纯追求考试成绩，缺乏实际生活磨炼和抗挫能力锻炼等。人格缺陷的表现比如不愿吃苦、任性自私、性格孤僻、心灵扭曲、脆弱冲动、轻视生命、没有责任感等。一旦教育方法出了问题，就会种下扼杀亲子关系的种子。

培养好习惯要趁早。教育家叶圣陶说："什么是教育？简单一句话，就是要养成良好的习惯。"缺规矩是家庭建设的大忌，没有规矩不成方圆。家教严明的父母，才能培养出有教养的孩子。有规矩的自由叫活泼，没规矩的自由叫放肆。美国一位著名牧师说："一个被允许不尊重父母的孩子不会懂得真正尊重任何人。"梁启超也说："与其跟孩子讲道理，还不如给立规矩。"在他看来，改变人生的从来不是道理，而是规矩。孩子小时候是学规矩的最好时期，所以管教孩子、培养孩子好习惯要趁早。需要注意的是，给孩子立的规矩，父母家人要带头遵守。比如孩子在幼儿园吃饭要求不准说话、不准走动，把碗里的饭吃干净，饭后把餐具放到指定的地方。放学回来在家吃饭时，孩子也会自觉把碗里的饭吃得干干净净，并把碗放到该放的地方。但如果家长不要求孩子继续保持幼儿园的好习惯，而且家长自己也没有养成吃饭时不说话、把碗里饭吃干净的习惯，那么孩子在幼儿园养成的这些好习惯很快就没了。因为父母是孩子最好的榜样，大人没有好习惯，很难培养出孩子的好习惯。一位出版界人士说：“整天刷手机的家长，培养不出爱读书的娃。”留给孩子财产不如留给好习惯，比如爱好读书的习惯、善于思考的习惯、尊重他人的习惯、做事严谨的习惯、自食其力的习惯、承担家务的习惯等。

对子女的婚恋问题要早引导。父母应尽早做孩子婚恋的知心人，而不是到了适婚年龄甚至大龄时才处处干涉。青春期阶段的孩子对异性表示好感，是正常的生理心理反应，有些性早熟的孩子可能会出现早恋。父母在这方面一定要多操心，要早引导、早打“预防针”。对孩子成年后的具体婚恋对象不宜过多干涉，否则孩子会产生逆反心理。

培养孩子的理财能力。有位投资家、企业家说，如果你不教孩子金钱的知识，有人会替你教，这个人也许是债主，也许是奸商，也许是警察，也许是骗子。巴菲特说，孩子越早接触金钱和投资越好。让孩子早点儿接触和学习使用零花钱，有利于培养其挣钱意识和管钱能力。如果孩子过晚接触金钱，买东西都由父母代劳，长大后又不受控制地给钱，会让孩子以为钱来得很容易，既没有金钱重要性的意识，更没有努力挣钱、计划花钱的意识，也影响孩子对父母的感恩之心。在经济方面对孩子适当“吝啬”点儿，让孩子知道挣钱的不容易，鼓励孩子通过自己的劳动，解决零花钱和支付部分学习费用。让孩子学会处理自己的压岁钱，从小养成储蓄的习惯，会让他们终身受益。

好孩子是鼓励出来的。夸奖鼓励是教育孩子的一大法宝。尤其是对低龄孩子，一句鼓励话，胜过百句骂。妈妈嗓门越大，孩子成绩越差。家长要时刻关注孩子的言行，及时、具体、真实地夸奖孩子的优点和进步。一个人来到世上，两眼一抹黑，一切未知，大人的鼓励、赞美和心理暗示，能给孩子带来自信、力量和方向。夸奖孩子要注意方法：一是夸后天不夸先天，比如夸孩子勤奋吃苦，不夸漂亮帅气；二是夸努力不夸聪明，因为人的进步主要是努力的结果；三是夸奖要掌握分寸，有奖有罚；四是千万不要和别人家的孩子比，不要说“笨蛋”等消极暗示的话。

人的经历非常重要，一个人的知识可以通过学习获得，但一个人的成长必须通过亲身历练。成长就是不断挣扎，挣扎的时候是一个人成长的时候。在人的一生当中，青少年时期的适应能力最强，吃苦能够磨炼出他们坚韧的性格。无数事实证明，父母让孩子享福太早是不聪明的。家长不妨多看《动物世界》《自然传奇》等节目，好好向动物妈妈学习。每天太阳升起的时候，非洲大草原上的动物们就开始奔跑。狮子妈妈说：“孩子，你必须跑得快一点儿，你要是跑不过羚羊，就会被活活饿死。”而羚羊妈妈说：“孩子，你必须跑得再快一点儿，如果你跑不过狮子，就肯定会被狮子吃掉。”

大人越勤，孩子越懒。父母越全能，孩子越无能，包办太多就等于剪掉孩子的“翅膀”。奥地利心理学家阿德勒在《儿童的人格教育》一书中讲：“一个有拖延习惯的儿童背后，总有一个事无巨细为其整理收拾的妈妈。”本来很多生活小事都是孩子的本分，完全可以自己独立完成，遗憾的是，家长代劳让孩子失去锻炼的机会。父母该放手时要放手，该狠心时要狠心，该懒的时候要懒点儿，把对孩子的操心和关注默默放在心里，有意给孩子提供锻炼的机会，练就一双结实的翅膀，让孩子自由飞翔。孩子在家娇生惯养，等待他的将是在外面的四处碰壁。

千万不要溺爱孩子。每个溺爱孩子的父母都要付出代价，越溺爱代价越大。用进废退，孩子越用越有能力，越用越懂得感恩。劳动创造社会，劳动创造优秀的孩子。平时要让孩子多做家务，亲身体验柴米油盐的生活气息。人只有通过辛勤劳动，才能体会到劳动成果的来之不易，从而倍加珍惜劳动成果。比如让孩子利用假期出去打工挣钱，他才能体会到挣钱的辛苦和不易，才能懂得节俭。需要注意的是，小孩子学习做家务时大人要在场指导，防止烫伤、割伤、触电等意外伤害。

人需要在自己照顾自己的过程中，慢慢学会各种技能，经受各种锻炼和考验。作为父母，一要和孩子亲密，呵护孩子成长；二要和孩子分离，促使孩子独立。分离不是放弃对孩子的关爱，而是调整关爱方式。凡是孩子能做的事，家长尽量不要代劳。孩子进一步，大人退一步，这才叫成长。从小经受锻炼的孩子，在外谋生能力强，勇于吃苦，工作出色；在家动手能力强，配偶喜欢，子女敬重，家庭和睦。孩子有一双勤劳能干的手，必然会受益终身。

重视家庭的资源共享

家庭是一个经济组织、生产单位，它具有投入产出的功能，其运行情况取决于家庭成员的组织结构和个体素质。从经济学角度讲，家庭应该是由一群共享资源以追求共同福利的人组成的单位。一个家庭共享的资源越多，就越有利于家庭运作的效率效益和家人的幸福快乐。

美国著名经济学家格里高利·曼昆在《经济学原理》一书中提出了一些原理，如“人们面临着权衡取舍”。说的是人们无时无刻不面临着决策，天下没有免费的午餐，你为了得到某个你喜欢的东西，通常就不得不放弃另一个喜欢的东西。因此，作任何决策时，要在一个目标与另一个目标之间，或几个目标之间有所取舍。又如：“一个家庭面临着许多决策，它必须考虑到每个成员的能力、努力和愿望，以在其各个成员中配置稀缺资源。”再如“一种东西的成本是为了得到它而放弃的东西”等。就是说，在多种选择中，如果选择了这样就得放弃那样，你得到这个东西的成本，是你放弃另一个或多个东西的价值。比如你选择让孩子到外地工作，就得放弃家人团聚和资源共享；你选择家人团聚和资源共享，就得放弃让孩子到外地工作而可能获得的发展和较高的收入。这时孩子与父母、眼前与长远等因素都要考虑进去，根据自家的实际，从长计议，分析利弊，进行权衡取舍，力争资源的合理配置。虽然计划赶不上变化，但还是应该有所计划，不能走一步看一步，否则可能会越走越被动。

如果条件允许，父母子女最好不要离得太远，能够相互照应、资源共享，先老帮小，后小帮老。子女成家后，给子女看孩子成为父母一项艰巨的任务。有的老人为了照顾孙辈，老两口开始长期两地分居，有的老两口带点儿简单的行李长期挤在子女家，还有的老人把孙辈带回老家抚养等。在父母年老体弱后，如果子女离得近些总能有点儿依靠，即使不能在身边照顾，也可以经常回家看看。父母即使有钱，不需要“老有所养”，但也需要“老有所依”。人也许不到年老无助、疾病缠身时，是体会不到子女在身边的重要性的。医院大厅里颤颤巍巍的老人，推着轮椅上的老伴排长队看病，让人看得鼻子发酸。假如为了孩子的事业而不能在一地，父母年老后也应尽量往子女身边靠。小时候，父母在的地方就是家。长大后，配偶在的地方就是家。年老后，子女在的地方就是家。

家庭最怕的是冷清。人类是群居动物，害怕孤独。家庭不是房子，而是家人，一个家庭要有人气。过去孩子多，三世同堂，四世同堂。现在孩子很少，而且社会高度开放，家庭非常容易冷清。老年人最怕孤独，而且越老越害怕孤独。调查显示，我国“空巢老人”的心理问题十分突出，精神抑郁等问题的重要原因是长期独居。有句话说：“家的温度，取决于家人一起吃饭的次数。”不少老年人日子过得太冷清，子女能回一次家或回家吃一顿饭竟成了他们的奢望。子女越有出息父母越自豪，但到年老时才发现陪伴的重要性。有老两口，以前成天说儿子名牌大学毕业在国外如何如何好，其自豪感溢于言表。后来儿子在国外找了媳妇，结婚后儿子只回过两次家，儿媳和孙子一次都没回来。孙子不会说中文，过年打电话时只学会“爷爷好”“奶奶好”，其他什么都不会说。现在随着年龄的增长，老两口的日子越过越冷清无助，自豪感已荡然无存。

越是所谓“优秀”的子女，花在父母身上的时间和精力越少。有位医生介绍：病房里有个老太太，老人有两个儿子，一个是集团老总，一个是厅级干部，老人虽然不愁吃穿，但一个月都不一定能见到儿子一面。病房里还有个老爷子，也是两个儿子，小儿子是个聋哑人，特别孝顺父亲，每天早上7点左右就来看父亲，先给父亲漱口洗脸喂饭，然后才去上班。晚上一下班就到医院，喂完饭后给父亲洗脸擦身子，然后陪到9点才走，天天如此。还有另一些并不是那么“有出息”的子女，今天拿小菜，明天拿糕点，每天都抽出时间来医院陪父母聊天，讲些趣事逗得老人眉开眼笑。老人对自己的子女都很满意。真是有得必有失啊！

自古忠孝不能两全，效忠国家和孝敬父母不能同时兼顾。比如古代战乱，男人去边关打仗，不能在家孝敬父母。在和平时期，除特殊工作、突击任务外，绝大多数人完全可以忠孝两全，所以做子女的应该在工作之余，兼顾父母的晚年生活。

家庭和睦的相处之道

家和万事兴，家庭和睦是一个家庭幸福快乐的基础。家庭和睦靠的不是血缘关系，不是亲情爱情，而是每个家庭成员的素质，是体现在日常言行中的互相尊重与关心。

有一个村子里的两户人家，东边的老王家吵吵闹闹，生活得很痛苦；西边的老李家和和睦睦，生活得很快乐。老王去请教老李："你家为什么能保持和睦愉快的气氛呢？"老李回答："因为我们常做错事。"老王正感疑惑时，忽见老李的儿媳匆匆忙忙买菜回来，一进客厅不慎摔倒。这时正在拖地的婆婆立刻跑过去扶起儿媳说："都是我的错，把地拖得太湿了！"站在门口的老李也跟着进来懊悔地说："都是我的错，没提醒你客厅正在拖地，害得你跌倒！"被扶起来的儿媳则愧疚自责地说："不！不！都是我的错，都怪我自己太不小心了！"前来请教的老王看到这一幕，心领神会了。

倘若一开始拖地的婆婆就责怪跌倒的儿媳："怎么走路不长眼睛，真是活该！"老李再跟着抱怨一顿，当时的气氛就可想而知了。常言道："小人无过，君子常错。"小人总认为自己没有过错，君子常常反省自己的过失。要想家庭和睦，请记住"都是我的错"法则。

团结就是力量。在一个家庭里，不论是儿子、女儿，还是儿媳、女婿，只要在一起生活，每个成员都要有家庭责任感，要有过日子的思想，大家共同操心柴米油盐，共同维护家人团结，共同努力建设家庭。不论是儿媳还是女婿，都要明白：一旦加入一个新的家庭，就等于离开了原生家庭那条“船”，而上了新家庭这条“船”，就要与新家庭的成员同心同德、同舟共济战胜“风浪”，而不是离心离德制造“风浪”，因为你今后的幸福和命运与新家庭密不可分。

家人也是距离产生美。虽然家庭最怕冷清，但家人也怕靠得太近。家人之间的关系最好是亲近地保持一定的距离。子女成婚后如条件允许最好别和父母住在一起，保持“一碗汤”的距离，就是端一碗汤过去不凉。儿大三分客，孩子成年后是有距离的亲人，避免婆媳矛盾有效的办法是不要经常在一起。因为人性本身存在自我、自私的一面，如果两代人住在一起，这些缺点容易被一些琐事激发出来。如果不住在一起，这些缺点可能会潜伏起来，时间长了甚至忘掉，反而想念对方，这样有利于家庭和谐。一位家庭问题专家说，如果有条件的话，两代人既不住在一起，又住得很近，比如楼上楼下或门对门，既方便照顾，又相对独立，更有利于和谐相处。

在一个家庭中，任何时候，夫妻关系都是第一位的。家庭要想和睦幸福，必须将夫妻关系置于家庭中最重要的位置，不能把与父母、子女甚至孙辈的关系置于夫妻关系之上。当然这并不是说，我们要把最多、最好的资源留给配偶。相反，当老人和孩子需要照顾帮助时，我们必须把更多精力和更好的资源留给他们。

子女要有家庭责任感

每个人都是承上启下的，在父母面前做好子女，在子女面前做好父母。小时候父母带你负重前行，长大后你要负得起家庭的责任。既要对自己的人生负责，也要对父母家人和社会负责。

人生要有斗志。年轻人不要拿“顺其自然”“随遇而安”安慰自己、敷衍人生。“顺其自然”是顺应自然规律，不是随波逐流、不求进取。真正的顺其自然，是竭尽所能之后的不强求，而不是安于现状的不作为。“随遇而安”是一种消极的人生态度。作为年轻人，“顺其自然”“随遇而安”这八个字最好不要轻易说出口，否则会误导自己的人生。

逼自己优秀。这个世界的真相是，你有多优秀，世界就会回报给你多少自由和尊重。你会发现，只要把自己变优秀了，其他事情自然会跟着好起来，甚至好多大事、难事也会迎刃而解。人的差异其实很小，你在玩耍，他在读书，所以他比你有头脑；你在应付差事，他在用心工作，所以他比你进步快；你在赖床，他在锻炼，所以他比你身体好；你在消费，他在理财，所以他比你有积蓄。你逼自己优秀，就是对自己的人生负责。自己优秀了，才有能力承担起对家庭和社会的责任。

忍受孤独。平庸的人用热闹填补空虚，优秀的人用独处成就自己。要耐得住寂寞，养成独处、静思、专注的习惯。

千万别把年轻当作资本，年轻时勤学苦干、增长智慧才是资本。不要放纵自己，也许年轻时几年的放纵，换来的可能是一生的卑微。

尽早自食其力。中国老龄科研中心数据显示，我国目前有30%的年轻人依靠啃老生活，65%以上的家庭存在啃老现象。不少成年子女带给父母的经济压力，比他们未成年时更大。有的年轻人毕业后甚至毕业多年后还向家里要钱，还靠父母养活。这些人大事干不了，小事看不上，在家睡懒觉、打游戏，还向父母发脾气。还有些年轻人在家“养老”，而老年人在外打工。作为子女应体谅父母的不容易，懂得心疼父母。哪怕打点儿零工，也要减轻父母的负担。

重视存钱。现在有些年轻人，似乎有一种活在当下、及时行乐、逍遥自在的“豁达”思想。他们想吃就吃，想买就买，不断更新电子产品，还笑话父母抠抠搜搜不懂生活。要知道，不仅成家立业需要钱，而且人生有太多可预测或不可预测的危机和风险，如果月月光，甚至超前消费，一旦遇到健康、失业、事故等情况，就会走投无路。还有一些年轻人贷款消费，还不了就找另一家贷，拆东墙补西墙，结果越欠越多。一位母亲告诫女儿：孩子啊，别提理财了，你现在连攒钱的观念都没有，你也该攒点儿钱了，不为爸妈养老，为自己也得考虑啊。如果你经济独立还有积蓄，当工作干得很憋屈时想离职就离职，当婚姻走到尽头时可以潇洒地分道扬镳。

及时行孝，孝敬父母不能等

人生有两件事等不起，那就是保健和尽孝。工作再忙，也要想着点儿父母，尤其是年迈的父母。人在年轻的时候，往往不懂、不重视或顾不上孝敬父母，等以后懂事了、有钱了、有空了，有的父母已经离世了，只能留下深深的内疚和遗憾。

父爱如山，母爱如海。天底下最伟大、最无私的爱，莫过于父母对子女的爱。在这个世界上，父母是对子女付出最多的人。养儿方知父母恩，当成年子女也开始亲手养大自己的孩子时，才能体会到做父母的艰辛和恩情。

弃老而取幼是不祥之兆。《孔子家语》中讲，天下有五种不祥之事："损人而自益，身之不祥也；弃老而取幼，家之不祥也；释贤而用不肖，国之不祥也；老者不教，幼者不学，俗之不祥也；圣人伏匿，愚者擅权，天下不祥也。"

意思是：一是损人利己，是自身的不祥之兆。二是放弃对父母的赡养孝敬，而只顾溺爱自己的孩子，是家庭的不祥之兆。因为孩子会受自己父母不孝的影响，从而不孝敬父母。三是放弃贤德之士，而任用不肖之徒，是国家的不祥之兆。四是老年人不重视对年轻人的教育，年轻人不愿意向老年人学习，是风俗的不祥之兆。五是圣贤之人不被重用而隐匿，愚劣之辈当权，是天下的不祥之兆。

孝敬父母要孝之所需。抚养孩子需要动脑子，孝敬老人也需要动脑子。比如，对生活困难的父母，以给钱给物为孝；对体弱无力的父母，以提供帮助为孝；对衣食无忧的父母，以让其开心为孝；对身体有病的父母，以求医照料为孝；对孤独寂寞的父母，以多给陪伴为孝；对唠叨抱怨的父母，以耐心倾听为孝；对脾气暴躁的父母，以理解忍耐为孝；对过分节俭的父母，以诱导享受为孝。

一是照料父母的衣食住行。常回家看看，如检查父母住所的家用电器、燃气设施、家具棱角、地面障碍、地板打滑等安全隐患。如更换父母舍不得换的卧具厨具，给父母购买时尚鲜艳的衣服，买两双质量好的运动鞋换着穿。穿时尚衣服不仅好看，而且能够提振老人精神、增强老人活力。人有活力，机体细胞就有活力。还要多留心父母日常生活细节，关心高龄老人理发、洗澡、剪指甲等实际问题。老年人都很节俭，即使子女给钱，他们也舍不得花而存起来。如果换成实物或办成购物卡，并告其一个月有效、花不完作废，他们会立刻变成“月光族”。

二是关心父母的身体健康。学一些养生保健和急救知识，留心父母身体的异常变化，有病早发现、早治疗，比如是正常衰老还是阿尔茨海默病早期？嗜睡是睡眠质量好还是心脑血管出了问题？安排父母体检，带父母看牙、镶牙，帮父母改变观念和不好的生活习惯。给父母买保健品，不如买血压计、体温计、计步器、呼叫器、泡脚桶等实用的东西。经常给父母打电话，对年老体弱的独居老人，每天至少打两次电话。看护好失智老人，全国每年走失的老人有几十万。现在有防失踪定位器，挂在脖子上或戴在手腕上。重视失能父母的生活照料，认真考虑养老方式，使老人能够安度晚年。

三是关心父母的精神生活。核心是让父母心情好。帮助父母丰富老年生活，不仅可以排除孤独寂寞，而且非常有利于身心健康。黑龙江有位老太太，59岁时老伴车祸去世，当教师的女儿教母亲学识字打发时间，老太太越学越上劲，坚持识字、读书15年。75岁开始学写作，80岁学画画。82岁时，已经画了上百幅画，出版了5本书，有的还获了奖，成为“传奇奶奶”“网红作家”，还上了中央电视台讲述自己的故事。还有位老爷子喜欢散步听收音机，儿子给买了一台收听效果好的高档袖珍机子，从此老爷子扔掉了“砖头块”，散步劲头十足，美滋滋地逢人便显摆儿子给他买的收音机。子女为父母花几百块钱，竟有如此好的效果。

四是帮助父母实现愿望。小孝孝其身，大孝孝其心，至孝孝其志。小孝是关心父母物质上的需要，比如让年老父母衣食无忧。大孝是关心父母精神上的需要，比如让父母生活充实心情好。最高层次的孝是帮助父母实现愿望，凡是有利于父母身心健康和幸福快乐的愿望，比如旅游、学书法绘画、看书写书、上老年大学等，子女都应积极帮助其实现愿望。对于单身父母，子女要尊重父母找老伴的意愿，并尽量与之和睦相处。

五是不要把父母帮带孩子当作理所当然。子女上班忙，生活压力大，父母退休后如果身体好，帮子女带孩子本来是件很正常的事，割不断的亲情让老人们心甘情愿地付出。但为什么越来越多的老人不愿意给子女带孩子，主要原因是子女和配偶不懂事。一是给父母脸色看。不仅不关心善待父母，而且经常挑剔抱怨训斥父母。二是小两口太懒。有的虽然对父母态度还可以，但不懂心疼父母，下班回家后不仅不帮忙做家务，而且还得父母伺候，时间长了老人哪受得了。

有的子女说，你不给我带娃，我就不给你养老。这话不仅差辈而且违德违法。一代人有一代人的责任，抚养子女、赡养父母是责任，照看孙子是自愿，不是责任，不是义务。父母乐意照顾孙辈，作为子女应该用实际言行表示感激。父母不愿意带也无可厚非。

当然，清官难断家务事。有的家庭闹矛盾是因为父母管得太多，超出了“帮助带孩子”的范围；有的是因为婆婆喧宾夺主，发号施令，把子女家当成自己的家。有些“不孝”是老人有问题，比如要求太高，过于挑剔，自私自利，倚老卖老，蛮不讲理。所以，能遇上通情达理的父母，也是子女的一大幸运。

树立家务共担的好家风

有家庭就有家务。搞得好，家务是幸福的载体；搞不好，或许家务就变成婚姻的杀手。大量事实表明：一是大家共同承担家务的家庭，家人更和睦，家庭更幸福。二是男人主动分担家务，夫妻争吵次数会明显减少。三是经常做家务，让身体锻炼得更全面。不论男女，爱做家务的人身体好、寿命长。农村不少长寿老人，不是因为他们懂得养生保健、运动锻炼，而是经常粗茶淡饭、从早到晚忙个不停。四是全家人共担家务的良好家风，有利于子女及后代的健康成长，这样的家庭会更加兴旺。

过去洗衣、做饭是两大家务。有洗衣机后，一日三餐成了最大的家务负担，由此引起的矛盾也最多。一个东北小伙子在重庆工作，娶了个重庆媳妇，婚后他们发现做饭成了两人最大的矛盾，经常吵架互相指责。丈夫说："在我的记忆里男人从来跟厨房没有关系，做饭都是女人的事。"而妻子说："从小到大，我家都是老爸做饭，外公外婆家是外公做饭，爷爷奶奶家是爷爷做饭，其他亲戚朋友家大多数也是男人做饭，在我的认知中男人做饭是天经地义的事。"

家里不做饭，矛盾减大半。上海有对老夫妻，结婚60年基本不做饭，在单位食堂或街上买着吃，不做饭减少了好多家务和矛盾。

但至少就目前而言，从经济、卫生、营养、食品安全和小区附近餐饮条件等方面考虑，多数家庭还得自己做饭。好的家庭看厨房，美满的婚姻应该有个热气腾腾的厨房。为爱人做一顿可口饭菜，比一万句"我爱你"都管用。做饭应该是每个人必备的基本生活技能，是提高家庭成员生存能力和健康水平、培养生活情趣、增强家庭凝聚力的重要途径之一。

好的家风应该是：饭前一起下厨，欢声笑语；饭后一起收拾，争先恐后。每个家庭成员都要参与做饭，不管谁主厨，其他人都应积极帮厨，哪怕剥个葱、洗个菜、盛个饭、摆个碗筷，不应只会坐着等饭吃。家庭成员是平等的，应该互相伺候，互相奉献，不是一方伺候一方。有句话说，男人下厨最可爱，女人下厨全家爱，孩子下厨不学坏，夫妻下厨谈恋爱。全家人都学做饭，既有利于避免一人长期做饭的油烟伤害、应付心理和腻烦感，又有利于饮食多样、变换口味和新鲜感。家庭是社会的一个基本单位，既然是单位，就应该有一些运行管理的规章制度。根据每个家庭成员的实际情况，各项家务分工协作、共同承担。比如习惯早起的承担早餐，下班早回的承担晚餐，而不是早起的外出锻炼、早回的在家等饭；有的家庭形成做饭不洗碗、洗碗不做饭等分工协作办法。一个家庭中如果长期由一个人做饭、洗碗，其他人心安理得等饭吃，吃完饭放下筷子走人，说明这个家庭的家风、家规、家教出现了问题。

平安是福

安全与健康是人生中的头等大事。安全第一，健康至上。不重视安全死于非命，不重视健康死于疾病，其结局都是过早离开人世。发生事故的根本原因是轻视安全、侥幸心理。对安全、健康的任性与侥幸，必然导致人生的不幸。亚里士多德说："一个智者的目标不是追求幸福，而是尽其可能地避免不幸。"在人的一生中，不知道会遇到多少险情，能够避免不幸就是最大的幸运。人永远不知道明天和意外哪个先来，不要想着自己会比别人幸运。降临在别人身上的不幸，可能分分钟就会降临到自己头上。确保人身安全的关键是吸取别人的教训，加强自我防范。任何时候都要把安全防范放在第一位，切记生命不可侥幸，天堂与地狱就在一念之间。

安全专家提醒大家，不论男女，经常想想，当魔鬼游荡人间，你拿什么保护自己？比如女性，歹徒无非是劫财劫色，你穿金戴银、袒胸露背独自到偏僻地方，独自会网友，夜晚独自外出，独自打车，随便开门，开豪车不注意防范，等等，就有遭遇不测的风险。社会上曾发生多起假快递员入室抢劫案例。专家提醒，家门就是全家人的"命门"，随便给陌生人开门有风险。无论上门查表的、物业的、居委会的、送快递和外卖的，如果只有女人、孩子或老人在家，一定不能随便开门。确实有事的应想其他解决办法，比如，让快递员把快递放在门外、让查表人员晚上家人回来后再来等。

居民家庭火灾严重威胁家庭成员的生命安全，从起火到形成大火只需几分钟时间，人一旦大量吸入家中装修材料的有害气体后会很快昏迷甚至死亡。如果是高楼，"烟囱效应"会让火势更猛，楼内温度很快达到上千摄氏度。消防部门提醒，在所有的火灾中，居民家庭火灾虽然只占30%，但死亡率比其他火灾高近6倍。因此，每一个家庭中要有逃生绳、灭火器、灭火毯、消防斧等应急物资。逃生绳是高层住宅可靠的火灾救生设备，每个家庭都应该必备，否则一旦大火封门，家人就会陷入绝境。

每年都会发生多起电热水器洗澡触电身亡事故。业内人士介绍，只要是家电就有漏电的风险，电热水器在漏电情况下是可能电死人的。虽然正规厂家生产的电热水器，具有严格的安全保护和漏电保护装置。从理论上讲，只要正确使用，应该是没问题的。但在极小概率情况下，比如热水器使用时间过长、电器或线路老化、接地不良、断电保护装置失效等，可能就会导致安全问题。因此，要定期更换家中热水器的镁棒，经常检查漏电保护开关以确保其有效，确保地线从插座经过室内配电箱接到室外的接地系统中，对使用寿命到期的热水器应及时更换。以上这些要求，在日常生活中不容易落实。所以，不如釜底抽薪断电洗澡，加装一个开关就解决问题。用遥控器断电不行，因为遥控器只是切断加热元件的电源，而进入热水器的电源未断，如果热水器出现内部老化或漏水等问题，仍然存在安全隐患。

据悉，我国每年死于交通事故的人中，疲劳驾驶、分心驾驶、超速行驶等违章行车是发生事故的主要原因。有数据显示，开车时使用手机，发生事故的概率是正常驾驶的23倍。安全带是生命带，无论前排后排必须系好安全带。安全锤是救命锤，在车内着火、车辆落水等紧急情况下可以救命。

以上仅仅举几个例子。生活中充满险情，防事故警钟长鸣。每个人都要树立强烈的安全意识，开展经常性的安全预想和隐患排查，严格落实各项安全防范措施。不论任何人，如果生活粗疏、麻痹大意、任性侥幸，就可能导致人生的不幸。

第十章　物质财富是获取幸福的工具

所谓物质财富，就是不用工作所能生活的天数。《富爸爸　穷爸爸》一书的作者罗伯特·清崎对物质财富的定义是："不进行体力劳动（或者你家里的所有人不进行体力劳动），你所能生存并仍然维持你的生活标准的天数。"这里讲的体力劳动泛指工作，脑力劳动也需要付出体力。财富是天数，而不是钱数。因为生命是由时间组成的，所以财富是用时间衡量的，而不是用钱数来衡量的。假如你有60万元存款，你每月的花费是5000元，即每年6万元，那么你的财富就是10年（未考虑利息等收入和重病等支出）。实际上人不可能每月只需要基本消费，住房、教育、医疗等支出都是大项开支。

物质财富是为人们生活服务的。要把金钱当作生活工具，而不是人生目的。如果一个人把金钱作为人生目的，就会因为"一切向钱看"而活得很累，还有可能会不择手段地获取钱财而违法乱纪，或承受不了财产损失而悲观绝望。人生以快乐为本，因此，如何利用金钱这个工具，让我们生活得幸福快乐才是目的。

资产与负债

罗伯特·清崎认为，资产是把钱放进你口袋里的东西，负债是把钱从你的口袋里取走的东西。真正的资产可以分为以下几类：一是不需要所有者到场就可以正常运作的业务，所有者拥有它们，但由别人经营和管理。二是股票。三是债券。四是基金。五是能产生收入的房地产（住的房子不是资产，而是负债）。六是票据（借据）。七是版税，如音乐、手稿、专利。八是其他任何有价值、可产生收入的东西。

资产与负债，也就是正资产与负资产。正资产是能往兜里进钱的资产，负资产是从兜里往外掏钱的资产。比如，自住的房子、私家车等，都是负资产。如在大城市住一套几百万的房子，开一辆不产生收入的汽车，如果再没有其他正资产，其实就是一个千万“负”翁。但如果买了车以后工作效益大大提高，或兼职拉客等，增加的收入高于养车费用，那这辆车就成了正资产。有的人不明白资产与负债的区别，往往把负债当成资产，所以看似住着大房子、开着私家车，但经济并不宽裕。

在了解这一问题之前，先来了解财产与资产的区别。财产是我们可以使用、处置的物质财富，包括动产、不动产和知识财产（知识产权）等。资产一般指金融财富，可以带来现金流入。一个人拥有的财产多，不一定代表他富有。一般来说，资产可以创造效益，而财产不仅不能创造效益，还得花钱来养护它，所以不能带来经济效益的财产不能算是资产。假如把财产里面的部分房子出租，或把部分现金存入银行获得利息，这部分财产就变成了资产，租金、利息就是现金流入。

财务自由是每一个人的梦想，那么什么是财务自由？简单讲，财务自由是一种不需去工作就可衣食无忧、体面生活的状态。财务自由不是想买啥就买啥，而是该买啥就可以买啥。财务自由没有统一标准，普通人的财务自由，就是被动收入能够满足正常消费。所谓被动收入，就是不需要去工作而获得的收入，比如退休金、房子租金、存款利息、投资理财收益等。所谓主动收入，就是需要工作才能产生的收入。

钱是一个人的底气

巴菲特说：“要是有人说金钱买不到幸福，那他只是还不知道上哪儿去买。”英国作家王尔德说：“在我年轻的时候，曾以为金钱是世界上最重要的东西；现在我老了，才知道确实如此。”经济独立是人格独立的基础，当你不再为五斗米而折腰时，就能挺直腰杆去走你想走的路。富兰克林说：“要想知道钱财的价值，去借一些你就知道了。”一个人如果没有经历过缺钱、借钱的百般无奈、刻骨铭心，他是不会真正体会到钱的重要性的。

人生最大的债是人情债，世上最难还的债是人情债，能用钱解决的问题千万别去求人而欠人情。用钱去解决问题，就等于把问题简单化。一般来说，有钱有智慧的人可以主宰自己的生活，过上简单快乐的生活。

而对于没钱的人来讲，有时候钱就是他们的命。有钱，拿钱治病；没钱，舍命省钱。有一个心酸的故事，一天夜里，医院急诊室冲进一位农民工，他用左手紧紧握住右手一根手指，鲜血直流。医生说：现在接还来得及，以后手指功能基本不受影响。伤者问：要多少钱？医生说：3000元左右吧。伤者又问：那如果不接呢？医生说：300元。伤者果断地说：那就不接了。

一个人成熟的标志之一，应该是能够真正认识到金钱的价值。

真正的底气是存款而不是收入。一个国家的底气在国库，一个人的底气在存款。存款存的不是钱，而是一个人的底气。决定财富的不是每月挣多少钱，而是剩下多少钱，只有剩下的钱才是财富。所以，不论收入多少，人一定要攒点儿钱，哪怕再少也要攒。别看不起小钱，也许在某个时候，小钱也会难住你。不要和别人攀比，每个人的情况不一样，你是你，你的人生靠你自己打拼，你的家庭靠你自己经营，每个人都要经历上有老下有小的过程。居安思危，有备无患。通过储蓄增加自己的抗风险能力，对于每个人都是必需的。

种地就怕九月风，人生就怕老来穷。未来几十年，人类将进入长寿时代，低出生率、低死亡率，预期寿命持续延长。迎接长寿时代的到来，最重要的两项准备是健康和财富。年轻的时候，再大的苦难也能挺得过去，但年老体弱后如果没有钱，日子就难过了。青年多奋斗，中年多储蓄，老年可无忧，是无数过来人的重要人生经验。在年轻人眼里，养老似乎是遥远的事，但你必须明白：你未来的养老金多少，就看你从现在开始怎么挣钱攒钱。“超前消费，不留遗憾，挣多花多，挣少花少，钱只有花了才是钱，不花就是一堆废纸”的说法是一种误导。有人说钱是花出来的，不是省出来的，你想想你自己怎么能把钱花出来？有个小品里讲，人生最悲惨的事是人死了钱没花完，最最悲惨的事是人没死钱没了。其实只要能够正常生活，人死了钱没花完一点儿也不悲惨，但人没死钱花完了才悲惨。

强制储蓄，积累资金

原始积累是增加财富的第一步，强制储蓄是原始积累的第一步。巴菲特的致富秘诀：储蓄，投资；继续储蓄，继续投资。他在上大学以前，已经通过卖报纸等积累了9800美元，他用这笔钱起步，开始学习投资，从9800美元到2500万美元用了18年。他说：“开始存钱并及早投资，是最值得养成的好习惯。”

无论你的收入多少，都要养成存钱的习惯。一位投资理财的成功人士说：“存钱的第一步，一定要变成一种习惯，即使钱再少也无所谓。当数字开始积累，就会产生激励效果，存钱就会越来越有动力。”积累财富需要顽强的意志和一定的理财能力，需要心甘情愿地牺牲眼下的需求来服从攒钱的计划。即使每月收入再少，也要坚持把钱分成两份，一份作为生活消费，一份作为财富积累，哪怕留得再少也要留。

在南亚贫民窟中，一些小贩靠摆路边摊为生，卖点儿水果、蔬菜、鲜花之类。他们凌晨起床，先到银行借1000元，当天下来能挣100元，其中50元还银行利息，剩下的50元用于日常开销和孩子糖果等零食，日复一日。假如小贩从50元日常开销中每天省下5元，200天后就不用每天从银行借1000元了，这样每天便可以省下50元利息。所以，除少数富有者外，我们绝大多数人，都得先过紧日子、苦日子。如果一手进一手出，苦日子是没有尽头的。当你攒得多了，日子也就明朗了。我们大多数人不需要节衣缩食、过苦行僧的日子，只要量入为出、减少不必要的开支就是一种攒钱。手中有粮，心中不慌。积谷防饥，攒钱应急。多些敬畏，少些攀比。

储蓄要坚持“收入-储蓄=支出”，而不能“收入-支出=储蓄”。不论收入多少，每月工资到账后的第一件事就是划出一定比例的钱用于储蓄，比如10%、20%，甚至更多。制定存钱目标要“跳起来摘苹果”，最多能存多少，而不是最少要存多少。当你需要花钱时，不管再困难，也不要动用积蓄的钱，压力会激发你解决困难的办法和赚钱天赋，使你找到赚钱的新办法，不但让你赚到钱，还能提高你的财商。这个阶段可能是痛苦的，但是要明白，所有对自己有益的事情，前期往往都是痛苦的，熬过了这一阶段就好了。

日本东京大学教授、亿万富翁本多静六说，挣钱的根本还是勤俭储蓄，没有储蓄就不能投资，更不会有增值。他有个“四分之一储蓄法”：就是坚持把每月正常收入（包括利息等）的四分之一及所有临时收入（比如奖金、出差补助等）强制储蓄。他从25岁大学毕业当上东京大学副教授开始，以顽强的毅力坚持储蓄，收到了出乎意料的效果。

有位姑娘介绍自己的存钱经历，她说：自己每月工资4000元，月光族，还时不时地借钱花。有一次又向表姐借钱时，表姐对她说：“花钱一定要有规划，无论收入多少一定要存钱。存钱只要存着存着，存到你设定的一个个小目标，慢慢地就会上瘾。然后你会有更大的野心，存一辆车子甚至一套房子出来。”后来姑娘每月发工资的第一件事，就是把钱一分为二，一份存入余额宝作为随用随取的生活费，一份转入支付宝的各种定投基金利滚利。原来每月花4000元一下子变成了2000元，刚开始日子过得有点儿煎熬，但想到距离存钱小目标近了一步，心里更多的是开心。她每天醒来的第一件事由刷微信变成了看定投、看余额宝，看着收益在一点点儿地增长，心里充满了成就感。时间久了，姑娘发现自己有了改变，以前看到喜欢的东西就想买，现在会先想想是不是必须买，手头拮据时干脆不买，想方设法把钱存下来。不过，存钱有道坎儿：当存款不到一两万时，一般没有存钱的动力，会觉得费那劲干啥！因此，存钱靠的是坚持，坚持是一种正向激励。当你坚持的事慢慢有结果时，你就会上瘾，不可自拔。当存钱成了一种习惯，存的钱越来越多时，你赚钱、存钱的积极性会越来越高。

积累财富应尽早开始。积累财富如同滚雪球，时间越长，雪球滚得越大。时间就是金钱，靠时间赚钱，靠“活得久”赚钱。攒钱开始得越早，年老时经济就会越宽裕。

节支等于增收

富兰克林说：“致富的诀窍，主要是在于节俭。如果想要变得有钱，多想着省钱，别只顾着赚钱。”节俭是一种能力，是为了将来的利益而抵御眼前欲望的能力。一位理财大师说：不少人没钱不光因为挣的钱少，而是因为花的钱多。攒钱靠增收节支，降低物质欲望，少花钱，多存钱，不要光顾着赚钱。在增收上不放过一分钱的利润，在节支上不浪费一分钱。该花的钱必须花，能少花的钱尽量少花，不该花的钱一分都不乱花。

生活中，有的人消费以需要为原则，有的人消费以省钱为原则。以需要为原则的，所买的东西也许价格高一些，但件件都有用。以省钱为原则的，往往买回些可有可无或质量太差的东西，看似省钱，实则浪费钱。便宜的东西，只有买的时候是开心的，用的时候没一天是开心的。质量好的东西，掏钱的时候是心疼的，但用的时候每一天都是开心的。如果你担心通货膨胀，最好的预防手段之一就是少买东西，钱越贬值越要少花钱。

除非工作生活必需，尽量不养车。车是日常生活中最大的消费品，虽然买房比买车贵，但养车比养房贵得多。有人算过：一辆20万元的汽车，假如使用寿命10年，如果每周使用10次，每次使用成本是38.5元；如果每周使用1次，每次使用成本是384.6元。还没包括汽油费、停车费、洗车费、维修费、年检费和保险等。

重视健康是重要的节支项目。增收节支越早越好，养生保健越早越好，尽早保健就是尽早攒钱，预防疾病显然比治疗疾病省钱。饮食不节，久坐不动，躲避太阳，半夜不睡，通宵打牌，烟酒无度，轻视安全，都是从兜里往外掏钱的大项“负资产”。

坚持记账。记账能够让自己知道钱都花哪里去了，有利于计划开支、遏制消费、强制储蓄。坚持每天记每一笔开销账，是养成良好消费习惯的有效方法。

尽量不要借钱

有人认为，天下最难的有两件事：一是启齿向别人借钱；二是拒绝别人借钱。但在现实生活中，谁都可能有急事难事，借钱应急周转在所难免。借钱给别人需要注意的是：借急不借穷，穷是无底洞；借急不借懒，借懒会助长懒汉继续懒惰；借急不借阔，只搞雪中送炭，不搞锦上添花；借急不借投，否则可能盈了是他的、亏了是你的；借少不借多，数额必须在自己能够承受或亏得起的范围内。在有些情况下，宁可适量给予，也不要大量借给。

肯借给你钱的人，一定是你的恩人，借给你的不仅是钱，更是对你的信任。不借给你钱的人，你应该充分理解，不应有丝毫怨言。因为钱对于任何人来说都没有多余的，别人钱再多也是别人的，而且钱多有钱多的用处。有的人抱怨不借给他钱的人不够意思，请问你向人家借钱，把自己的经济问题转嫁给别人够不够意思？人生的路还得靠自己去走，好好读书，好好做人，好好做事，重视健康和安全，努力工作挣钱，省吃俭用攒钱，提高自己的抗风险能力，靠别人是靠不住的。

《犹太箴言》中有句话：可以用友善的方式救济你的朋友，但千万别借钱给他，借钱就是掏钱买敌人。

为什么不少人借钱后不想还钱？心理学有个“损失效应”：人在失去一个东西时感受到的痛苦，比他得到那个东西时感受到的快乐大2.5倍。比如丢掉100元钱的痛苦，远远超过得到100元钱的快乐。“损失效应”反映人的本性，人在借钱久了以后会觉得那笔钱是自己的，还钱时会觉得自己遭受了损失，从内心里非常抗拒还钱，即使还钱也很不情愿。尽管他借钱的时候很诚恳，他并没想过他会成为那个不想还钱的人，所以社会上就出现了“站着借钱，跪着要钱”的不良现象。

没有偿还能力最好不要欠债。欠债对人的折磨，没欠债的人是体会不到的。

学习投资理财

巴菲特说:“一生能够积累多少财富，不取决于你能够赚多少钱，而取决于你如何投资理财，钱找人胜过人找钱，要懂得让钱为你工作，而不是你为钱工作。如果你没有找到一个当你睡觉时还能挣钱的方法，你将一直工作到死。”

理财就是打理钱财，就是存下钱、钱生钱。工资可以让人日子过得好，但是很难富起来。理财是一个长期的过程，需要时间和耐心，别想一夜暴富。先通过努力工作让“人生钱”，再通过投资理财让“钱生钱”。钱生钱是长跑比赛，越有耐心就越能赚钱。理财应该伴随人的一生，善于理财是个人奋斗的一部分。

投资的复利效应。复利就是将利息加入本金，连本带利计算利息，利滚利，钱生钱，其获利速度惊人。爱因斯坦称复利是世界第八大奇迹，其威力比原子弹还可怕。复利是富人越来越有钱的秘密。犹太人在几百年来一直被迫害，到处流亡，到过很多国家，但都能快速致富，他们致富的根本方法就是复利。巴菲特把复利比作“滚雪球”，越滚越大，越滚越快。

金融学里有个“72法则”，就是以1%的复利计息，72年后本金翻倍，公式为72÷1=72。例如，投资100万元，复息年利率为8%，72÷8＝9，即本金翻倍为200万需要9年。假如利息是5%，即14.4年翻倍。假如利息是3%，即24年翻倍。“72法则”还可以用来计算货币贬值速度。例如，通货膨胀率是3%，72÷3=24，即24年后现在的1元钱就只能买5毛钱的东西了。

实际回报率=名义回报率－通货膨胀率。假如投资收益是8%，而全年通货膨胀率是7%，则全年的实际回报率只有1%。但如果什么都不做更可怕，资产会被通胀稀释得一文不值。

用比关注赚钱更多的精力关注亏钱。投资就是在风险和回报之间做取舍。一般来说，利润与风险成正比，收益越高风险越大。要想安全可靠，回报率就很低。要想高回报率，就得承担高风险。在投资问题上，要把对风险的考虑放在收益之前。

考虑风险承受能力。如果一个投资项目有50%的可能赚100万元、50%的可能会血本无归，而另一个项目100%能赚50万元。有些富人会选择前者，但绝大多数穷人会选择后者，因为风险承受能力不同。生活中，应该用自己亏得起的钱做风险投资，亏不起的钱做固定收益投资。

敢于尝试，胆大心细。巴菲特说：“我的一生中，从未遇见一位没亏过钱的富人，却遇见许多什么都不敢干而从未亏掉一毛钱的穷人。敢投资的人才拥有成为富人的机会。不敢投资的人，虽然没有亏过钱，但也注定不会赢钱。”富人在怀疑中了解尝试，穷人在怀疑中排斥拒绝。如果你不知道该投什么项目时，可选择回报较少、风险较小的项目小额试投，从中积累经验。

投资靠判断而不是预测，预测市场是致命的投资习惯。判断是依据已经发生的事实作出对事物的客观认识，预测是根据种种迹象对可能发生的事情作出主观推测。其实理财理的不是钱而是人，在资本市场赚钱要靠自己的分析判断，不可道听途说、盲目跟风。在投资理财上，人们总是算得太多而想得太少。对于不懂的东西就别碰，不要去玩那些别人玩得很好，但自己一窍不通的东西。千万不要做赌博性、押宝式投资。没有经济实力的人，最好不要搞借贷投资。

著名投资家乔治·索罗斯说：“金融市场天生就不稳定，有荣有枯，市场哪里乱哪里就可以赚钱。辨识混乱，你就可以致富，越乱的局面，越是胆大心细的投资者有所表现的时候。除了丰富的知识和可靠的判断外，勇气是你所拥有的宝贵财富。”

明白“身外之物”的道理

身外之物就是个人身体以外的东西，比如财富、地位、权力、名誉等。

根据美国心理学家马斯洛的五大需求层次理论，人的需求从低到高依次划分为：生理需求、安全需求、社交需求、尊重需求、自我实现需求。

人的需求不同，金钱的重要性也不同。金钱对于所有人的重要性是不一样的，随着日子由饥寒交迫、解决温饱、衣食无忧到生活富裕，钱的作用在逐渐下降，钱对生活质量的影响是递减的，这就是“金钱重要性递减规律”。但精神需求却在逐步增加，因为饥寒交迫时顾不了精神。所以，在低层次的物质需要满足后，应该关注高层次的精神需要。

一个人如果不明白自己究竟需要什么，就可能在衣食无忧以后，仍然痴迷在物质财富里，把“工具”当成“目的”，这可能带来无尽的烦恼甚至灾难。如果你是个守财奴，你就不会快乐。因为金钱的特性是来来去去、进进出出，而守财奴无法承受这些损失。财富不是万恶之源，贪财才是万恶之源，贪欲是人生痛苦、遭祸或作恶的根源。一个人如果没有正确的信仰，让自私和贪婪恶性膨胀，就会摧毁善良做人的底线。正因如此，人类社会千百年来，不断用道德、法律等与人的贪欲搏斗。

一个人体面生活之外的钱财都是身外之物，生不带来，死不带去。有老两口进养老院时感慨道：“要离开家到养老院了，我们想了想，需要从这个家带走的，好像并没有太多的东西。人生前一阶段积累下的一切有形的东西，我们都带不走，也不需要带走了。”

有位老作家，在自己的生活不再能完全自理，儿女又忙于工作和照顾孩子而无暇顾及自己时，他选择了到条件不错的养老院。养老院生活设施一应俱全，饭菜可口，服务周到，环境优美，就是价格不菲，但他把房子卖掉，再加上退休金，钱就不是问题了。于是，他开始收拾他的家当：四季衣服、床上用品堆积如山，红木家具全套，收藏的邮票一大堆，紫砂壶百十把，名酒好几十瓶，还有许多玉翠、黄金、白银及核桃等小把件、小挂件，加上大量书籍、相册、纪念品和全套电器、锅碗瓢盆、柴米油盐等，折腾出满满一屋子。这些东西养老院怎么能放得下，又有什么用？他瞬间觉得自己平生积攒的这些所谓的财富都是多余的，它们并不属于自己！自己只不过是用一用、玩一玩、看一看而已。他能想象到当儿孙面对自己这些苦心积累的宝贝时的情景：衣服被褥全部扔掉，几十本珍贵的相册全部烧掉，书当废品卖掉，收集的藏品不感兴趣会处理掉，红木家具不实用会贱价卖掉……面对堆积如山的东西，他拣了几件要换洗的衣服、一套锅碗瓢盆、一把紫砂壶和身份证、老年证、银行卡、医疗卡、户口本等，这就是他的全部家当。走时他留下一句话：“我走了，把这个家还给这个世界！”

世界名著《瓦尔登湖》的作者亨利·戴维·梭罗，生活在19世纪中叶的美国，那时正是资本主义飞速发展的时期，美国开始跻身世界一流大国的行列，经济、科技飞速发展，人们开始不择手段地追求财富，“一切向钱看”。梭罗从哈佛大学毕业后，没有选择经商发财或当官从政，而是于1845年到郊区的瓦尔登湖畔，自建木屋，开荒种地，看书写作，体验简朴、原始的生活，实现心灵的自由，写成了长篇著作《瓦尔登湖》。他通过两年多的生活体验，告诉世人不要被纷繁复杂的生活迷惑，而失去生活的方向和意义。物质生活确实很诱人，有了钱好像可以为所欲为，别墅、豪车、美食、珠宝和华丽的衣裳，所以大多数人无时无刻不在追求着财富，而且永无止境。他呼吁人们，尽可能地简化物质生活，腾出更多的时间来提高自己的精神追求和生活品位。人如果在物质生活方面只求满足基本需要，就可以活得幸福快乐，活得更从容、轻松、充实、本真。他批评人们把奢侈品当成生活必需品来满足虚荣心。他反对骄奢淫逸、穿金戴银、胡吃海喝、做房子的奴隶。他在书中写道：“我们每天努力忙碌、用力生活，却总在不知不觉间遗失了什么。面对不断膨胀的物欲，我们需要的是一颗能静下来的心。多余的财富只能购买多余的东西，人的灵魂必需的东西，是不需要花钱购买的。一个人，放下的越多越富有。幸福与否，并不取决于外在东西的多少，而是取决于一个人内心的生活态度。一个人只要满足了基本生活所需，不再戚戚于声名，不再汲汲于富贵，便可以更从容、更充实地享受人生。”

名著不愧是名著。170多年前梭罗的呼吁，对今天的我们仍然具有重大现实意义：在大多数人都以追求财富为人生目标的时候，一定要把正自己的人生航向，既要追求物质享受和财务自由，也要考虑精神享受和心灵自由。我们要为物质生活做减法，为精神生活做加法，不为身外之物所役，静下心来享受生活。

处贫贱易，处富贵难

君子爱财，取之有道，用之有方。司马光在《资治通鉴》里讲："贤而多财，则损其志；愚而多财，则益其过。"意思是说：贤能的人，如果财产太多，就会磨损他们的志气；愚笨的人，如果财产太多，就会增加他们的过错。北宋文学家苏东坡说："处贫贱易，处富贵难，安劳苦易，安闲散难，忍痛易，忍痒难。"

金钱本身无好坏之分，全看人们怎样支配它。财富能帮穷人解决问题，也能帮富人制造问题。如果钱多而驾驭不好，还不如钱少。生活中，有些贫穷的小两口打拼成富翁后，妻离子散、家破人亡的例子不少。贫贱夫妻百事哀，贫贱夫妻辛苦耕耘，成为富贵夫妻后，百事可能更哀。

太多的财富对一个不习惯掌握钱财的人来说可能是一种毒害。有的农民，村子被征地，给补了很多钱，从此整天花天酒地，坐吃山空，没几年钱就败光了。还有的人过去是个穷小子，暴富后为富不仁，六亲不认，张扬显摆，疯狂挥霍。挥霍钱财的人，说明来钱太容易。对于暴富者来讲，最可怕的是财富来得太快而“灵魂”跟得太慢，如果把持不好就会出问题。

富有爱心的财富才是真正的财富。所谓有钱，不是看你拥有多少钱，而是看你如何合理支配这些钱。能力和机遇决定你能挣多少金钱，但品德和能力决定你怎么支配金钱。有的富翁乐于慈善，有的富翁乐于挥霍，有的富翁留给子女。乐于慈善的活得快乐，乐于挥霍的活得空虚，留给子女的后果难料。慈善是高尚人格的真实标记，是人类之心所能领略到的最真实的幸福，搞慈善是在积德行善。富而不奢、慈善感恩是富人的美德，富有善心的人容易健康长寿。

2010年，我国著名营养学家、南京大学医学院郑集教授安详辞世，享年110岁。他一生淡泊名利、生活俭朴，但资助起需要帮助的人来，他从来都是倾尽所有。92岁时，郑教授卖掉自己的小楼，将房款捐献给学校，并写下一首《散财歌》：聚财还须会散财，聚散合理免祸灾。取诸社会应反馈，留给儿孙理不该。儿孙自有儿孙福，莫给儿孙做奴才。钱多易使人堕落，骄奢淫逸接踵来。从来发富不三代，皆因遗产种祸胎。

娱乐业大亨邵逸夫于2014年逝世，享年107岁。他一生热衷慈善公益，多年来捐助100多亿港元，仅建设各类教育、医疗项目就有6000多个，遍布全国各地。他不是我国香港最有钱的人，却是香港有口皆碑的大慈善家。

聪明的父母不会给子女留下过多财产。自古以来，因祖辈留太多遗产而祸害后代的例子不少。明智的父母除适度帮助生活困难的子女外，不给子女太多的金钱物质帮助，他们深知让子女坐享其成不是好事。俗话说，穷不过三代，富不过三代。因为穷人的孩子懂得自强不息，发奋努力，因而改变命运。富人的后代容易贪图享受，不求进取，最终败光家业。

幸 福 快 乐 篇

XINGFU KUAILE PIAN

第十一章　养心莫若寡欲，至乐无如读书

人与动物的区别在于，人既需要物质滋养又需要精神滋养。吃饭补充肉体能量，读书补充精神能量。人不吃饭肚子会饥饿，人不读书精神会空虚。物质享受是有限的，精神享受才是无限的。

读书是人生一大乐事

一个人追求幸福快乐的过程，就是控制物质欲望、加强精神滋养的过程。郑成功有自勉读书联：养心莫若寡欲，至乐无如读书。意思是没有比抑制贪欲更有益于身心的，没有比读书更能令人快乐的。读书有太多的好处。

一是读书愉悦身心。

读书越少的人越容易对环境不满，读书越多的人越容易对自己不满。因为读书少，看问题容易主观、片面、简单，把让自己不满意的事归咎于外因，牢骚抱怨就会影响心情。一些不读书的人相对而言生活较刻板，平时只跟几个亲人、朋友、熟人接触对话，每天只能看见自身周围的事情，所以容易短视、计较，为一些蝇头小利和鸡毛蒜皮的事情争

执和烦恼。书读多了，相对地人会变得理智、谦逊、沉着一些，明白内外因的关系，懂得快乐的关键在于修炼自己，让自己的心胸更加宽阔，更能理解、包容生活中遇到的不如意之事。书读得越多，就越不会被外在的环境困扰，其心灵的承受能力会大大提高。因为书籍逐渐在读书人的头脑里建造一个相对独立于外界的王国，他不需要依靠任何外力来支撑他的生命。爱好读书，把无聊的时光变成喜悦的时光。有书为伴，人生不寂寞，不需要借助别人排除寂寞，可以避免不少人际关系的烦恼。书是很好的保健医和心理治疗师，终身学习相当于养生保健。当知识积累到一定程度，杂念减少到心静如水，人的身心就会更加健康，所以博学的专家学者多长寿。

二是读书学会做人。

书籍的作用是塑造人和传承文化。曾国藩说："一个喜欢读书的人，品格不会坏到哪去；一个品格好的人，一生的运气不会差到哪去。"人的成长进步从修身开始，修身离不开读书。学者梁实秋认为，最简便的修养方法就是读书。读书可以使人知道自己该怎么活着，在阅读中品味人生，潜移默化地提升人生境界、守住做人底线。坚持读书，会在不知不觉中影响一个人的思考、谈吐和为人处世等各个方面，使你成为一个善思考、有修养、懂情趣的人。

三是读书增长智慧。

书籍是人类智慧传承的主要载体，后人通过读书才能继承、积累和延续前人的智慧。一个人来到世界上，内心是空白的，而填补空白的过程是成长，需要依靠“读万卷书，行万里路”来填补。不读书，人的思想会变得平庸，语言会变得贫乏，精神会变得空虚，人生也因此会变得单调。人生没有白读的书，没有白走的路。读过的书，走过的路，会在不知不觉中改变认知。不吃饭则饥，不读书则愚。一本流传古今的书，是作者毕生经验智慧的结晶，人类的思想精华浓缩在这些书本里。杨绛说：“读书如阅世，多读书可以变得更聪明更成熟，即使做不到宠辱不惊，也可学得失意勿灰心、得意勿忘形。”人生短暂，不可能事事都去亲身实践，书中的间接经验，可以有效弥补个人经验的不足，学习更多人生智慧，让自己少走弯路。

四是读书改变命运。

有句名言：“读书改变命运，出版改变世界。”读书与不读书，时间短了也许看不出来，但时间长了差别会很明显，几十年以后肯定会有不一样的人生。秘鲁作家略萨说：“如果一个人不读书，或者很少读书，或者只读‘垃圾书’，他可能会说话，但是永远只能说那点事情，因为他用来表达的词汇量十分有限。不仅是词汇的限制，同时又是智力和想象力的限制，是知识和思想贫乏的表现。”一辈子坚持自学的人，肯定是一个自强不息的人。读书能够改变人生，除非你没有读对书，或没有下功夫坚持读书，或没有理论联系实际。知识转换成智慧，智慧转换成能力，能力创造财富，从而改变命运。

五是读书提升气质。

气质是一个人内在修养的外在表现。真正的高贵不是外表穿戴的高贵，而是灵魂气质的高贵。少年读书聪慧，老人读书年少。曾国藩说，人之气质，由于天生，本难改变，唯读书可改变气质。读书提高品位，腹有诗书气自华，书读多了容颜自然改变。像选衣服一样用心选书的女人不一般，爱读书的女人必然是一个有气质的精致优雅的女人。人需要内外兼修，不读书的人即使再有钱，也可能是个烧烤摊上的“金链汉子”。读书能使人心态年轻、富有活力，活得年轻的秘诀之一是保持阅读。

选书比读书更重要

选择书籍是阅读的关键。我国每年出版的新书有几十万种，如何在茫茫书海中找到适合自己读的书，是一件需要用心做的事情。当代美学家、教育家朱光潜教授说：“读书不在多，在于选得精，读得彻底。读什么书，有个评价标准：当你拿到一本书阅读时，能够很快进入文字，并产生联想甚至创作的冲动，就可以断定这本书是适合你的佳作。”

什么是好书？简单讲，能够给人启发，让人从中获益的书就是好书。季羡林教授曾列出好书的10条标准：一是能鼓励人前进；二是能给人以乐观精神；三是能增加人的智慧；四是能提高人的精神境界；五是能增强人的伦理道德水平；

六是能给人以力量；七是能激励人向困难做斗争；八是能给人以高尚的美感享受；九是能帮助人明辨善恶是非；十是能帮助人找到正确道路而不致迷失方向。

我们需要读的书大致分类如下。

一是学习哲学，终身受用。

哲学是关于世界观的学问，它揭示的是事物发展变化的一般规律，任何事物的发展规律都跳不出它的范围。马克思主义哲学是科学的世界观和方法论，它揭示自然、社会和人类思维的一般规律，是指导我们认识世界、改造世界的最基本的思想武器。哲学基本观点的普遍意义在于，它对任何人从事任何工作都是有帮助的。哲学是智慧学，学懂了哲学，不论什么时候，不管干什么工作，都会给你指引方向、提供解决问题的思路。

二是学点儿中医知识。

学哲学，学中医，一个管灵魂，一个管肉体。哲学和中医有着密切联系，二者都强调整体关联、相互联系、动态平衡、阴阳平衡。中医认为，人体是一个相互联系的有机整体，强调天人合一、顺时养生，根据阴阳五行、虚实寒热等理论辨证施治，使人体的五脏六腑与情志保持中正平和。中西医优势互补，西医重在控制，中医重在调理，养生重在预防。在调理和预防方面，我们每个人大有用武之地，关键是自己要重视去学、去做。

三是读业务书籍。

职业是一个人的饭碗，读业务书就是在巩固饭碗。勤奋敬业，精通业务，当行家里手，胜任本职工作，才能端牢饭碗。乐读业务书，“干什么吆喝什么”，是热爱本职的体现，是干好工作的基础。

四是学习时事政治。

人是社会的人，每个人都离不开社会。现在的世界，高度开放，万物互联，只关注自己那“一亩三分地”显然不行了。了解世界形势，关心国家大事，与党和国家同呼吸共命运，增强公民意识，提高政治素质和明辨是非的能力。

五是学习心理学。

心理学是研究人类心理现象及其影响下的精神功能和行为活动的科学。从大众角度讲，学习心理学有利于身心健康、个人修养、行为习惯、家庭和睦、子女教育、人际关系、办事效率等。现在人们普遍对心理健康的重视还不够，有些人甚至还没有关注自己的心理健康问题。一位心理学教授说过，如果你有一天开始学习心理学，那是你的福祉。

六是学习法律知识。

法律既是紧箍咒又是护身符，它既约束我们的言行，又保护我们的权益。在法治社会，法盲是可怕的、可悲的。学点儿实际生活中的法律知识，一旦遇事心中有数，能够更好地维护自己的合法权益。

七是读经典名著。

所谓经典名著，就是被人类历史大浪淘沙保留下来的、有价值的、常读常新的著作，是人类宝贵的精神财富。曾有外国学者认为，名著必须具备6条标准：一是读者众多，经久不衰；二是通俗易懂，面向大众；三是不会因政治风云的变化而失去价值；四是隽永耐读，一页上的内容多于一般书籍的整个思想内容；五是具有启发教益、独到见解；六是探讨的是人生长期未解决的问题。对一本著作而言，最大的考验就是时间。一些社会学家认为，至少要横穿20年的阅读检验而未曾沉没，这样的书才有资格称为经典名著。

经典之所以成为经典，是因为它蕴含着人生智慧，让人可以看清一部分事物的真相和本质。阅读经典时，或许你只记住只言片语，甚至对它的意思可能不理解，但在你的阅读过程中，那些文字，以及你阅读的氛围，会影响你，并净化你的心灵，在你人生的某个时刻，它势必会指导你的人生。阅读经典是学好语文的关键，语文不仅是学校的一门课程，而且是我们终身学习的基础技能。在阅读经典时，刚开始可能找不到感觉，但读上几本就会慢慢找到节奏；虽然不一定感觉到有明显效果，但写起文章来，笔下的文采会涓涓流出，下笔如有神。这就是文化的熏陶，在不知不觉中融入我们的生命。可以说读经典一部，胜读杂书万本。

国学经典汇集了中国传统文化的精髓。如果你有儿子，一定要让他读国学，国学能教会他做一个正直的男人，一个顶天立地的男子汉。如果有女儿，就更应该让她读国学，国学能教会她像水一样柔软，水善利万物而不争，能教会她知书达理、自尊自爱、善良贤惠、宽容待人。

八是读历史书籍。

历史是一面镜子，既能照亮现实，又能照亮未来。历史是最好的老师，前事不忘后事之师。阅读那些在人类大浪淘沙的历史长河中没有被淘汰的史书，可以领略人类经历的酸甜苦辣，丰富自己的头脑，这样的人容易知恩、知足、知命，走好自己的人生之路。

九是读人物传记。

人物传记有其他书籍不可替代的价值，很多名人的传记，都是用生命酿造出来的原浆。历史虽不重复，但世间百态却总有相似之处。名人传记之所以能够穿越历史长河，对后世产生深远影响，并非因为他是名人，而是因为其思想的深刻，特别是对社会、人性、生命、事业、金钱、爱情、婚姻、艺术、理想等多方面的深入思考。一个人的生命和生活圈子总是非常有限的，人不可能什么都自己亲身去实践总结，借鉴前人的经验教训走自己的路，无疑是一条便捷、顺畅的人生道路。

十是读文学书籍。

文学书籍是指用语言文字形象化地反映社会生活的书籍，比如小说、诗歌、散文、剧本、寓言、童话等。读文学书籍，可以增长见识，了解人性，陶冶情操，修身养性，净化心灵，丰富精神，休闲娱乐，充实生活，提高写作能力。

读书方法比勤奋更重要

人生有两本书是必读的：一本是记载古今中外人类文化精华的有字书；一本是承载大千世界万事万物的无字书。有字书需要苦读，无字书需要苦练。读万卷书，行万里路。

勤奋和方法都重要，但读书方法比勤奋更重要，方法不对，辛苦白费。书籍可以分为可读之书、可翻之书、可备之书、可扔之书。除少数可读之书外，大量的是可翻之书，看从中能发现点儿什么。可备之书比如词典、资料汇编等工具书；可扔之书，比如书名吓人而空洞无物的书和胡编乱造没有依据的书。

读书一般有5个方法：一是浏览，一目十行，筛选知识，捕捉自己需要的信息。二是通读，是对全书的概览，进行扫描式阅读，比如小说。三是精读，对自己需要的东西，反复阅读，做笔记，思考消化，书读百遍，其义自见。四是研读，是读书的最高层次，带着问题去学习研究，变成自己的东西。浅阅读学习知识，深阅读增长智慧。五是读书贵在坚持，让读书成为一种生活方式。

人需要静下心来读点儿纸质书。电子书虽然有很多优点，但深度阅读还是选择纸质书为好。纸质书利于反复翻看和书写批注，利于快速回顾前后内容，可以随时随地阅读。纸质书真实感强，给人的印象更加深刻，如果进行精读、深读、研究，还是需要纸质书，纸质书的作用是不能被替代的。在触屏时代，不要做网络的奴隶，不要总是盯着手机，千万别让手机肤浅的浏览毁了深度的阅读，更不能轻信和盲从网上不负责任的信息。

读书要养成记笔记的好习惯。要想让读过的书记忆深刻，记笔记是非常重要的方法。用自己的方式记录书中的精华内容，本身就是学习的过程。通过记录精华内容，让书越读越“薄”，知识越学越精，这就是笔记的力量。养成记笔记的习惯，及时记录那些随时出现又随时消失的灵感，具有事半功倍的效果。因为灵感就像天空的小鸟，不知何时，它会突然飞来停在树上。你稍不留意，它又飞走了。

写作是一种有效的学习方法。阅读是与他人的灵魂交谈，写作是与自己的灵魂交谈，写作是一个思考生活、积淀经验、重塑自我的过程。写作的基石是阅读与思考，用写作来倒逼阅读与思考。要想搞明白一件事情，最好的办法是写一篇跟这件事有关的文章，或写一本跟这件事情有关的书。因为要写作就得学习，就得肚里有东西。读书破万卷，下笔如有神。有学生向季羡林求教：“做学问有什么捷径？我的论文实在憋不出来。”季羡林笑着说：“论文岂是憋出来的？水喝多了，尿自然就有了！”

知识转化为智慧才有用

知识不等于智慧，知识通过悟性转化为智慧，智慧才是解决人生问题必需的东西。悟性是对事物的感知力、思考力、洞察力、动手力，思考力是关键。悟性好的人解决问题和动手能力更强。学习的最高境界是悟，古人讲“学必悟，悟而生慧”。学习的本质是悟道，获得隐藏于知识背后的智慧。

过去由于信息闭塞，知识掌握在少数人手里，现在获取知识的途径越来越容易，但光有书本知识和学历学位是不行的。如果不能转化为智慧和解决实际问题的能力，知识、学历就大打折扣。读书不思考等于吃饭不消化。书本上的东西是别人的，要把它变为自己的东西，离不开思考与实践。只读书而不思考，人就会变成一个接收鱼龙混杂信息的容器。这就是不少人“听了那么多道理，却依旧过不好一生”的原因。背几条励志语录，改变不了命运，正所谓“励志穷三代，鸡汤毁一生”。

智慧来源于灵感、思考与实践。读书引发思考，思考产生思想，思想转化为智慧。思考是思想的起源，是形成思想进而转化为智慧的过程。孔子认为，人的智慧有3个来源：“生而知之者，上也；学而知之者，次也；困而学之，又其次也；困而不学，民斯为下矣。”在孔子看来，第一个来源是“生而知之”，是人先天就有的智慧，是智慧来源的最高层次。对此社会上有很大争议，认为是唯心主义。其实“生而知之”从唯物主义角度也可以解释，人的天赋就是有差别的，这可能与遗传有关。第二个来源是“学而知之”，通过后天学习、思考、实践获得智慧。第三个来源是“困而学之”，在遇到困难、挫折以后才被迫学习，吸取经验教训。还有一种人是“困而不学”，遭受挫折仍然不吸取教训，“撞了南墙不回头”。对我们来说，获得智慧只能靠学习思考和实践总结。

人与人最大的区别在于思考力。善思考、会思考的人靠思想活着，不善思考、不会思考的人靠本能活着，而靠本能活着的人往往会被动一些。那么，人们应该如何把自己所学的知识转化为解决问题的人生智慧呢？

一是善于思考。

善于思考就是喜欢动脑子想问题，注意发现规律、利用规律。历史学家、教育家傅斯年说：“一天只有21小时，剩下3小时是用来沉思的。”人就怕不爱学习、不善思考。有的人之所以办法少、进步慢，主要原因不是脑子笨，而是脑子懒，不爱思考。普通人与成功人士的差距，往往是思考不够而不是行动不够，因为思想支配行动。对反复发生的问题，要分析原因、总结规律。举两个生活中的小例子：比如出门老是把钥匙忘在家里，主要原因可能是平时物品放置比较随意，没有固定位置，如果每次把门钥匙和车钥匙、手机等固定放在门厅的台子上就不会忘记；比如住宾馆老是把充电器落在宾馆里，可能是因为充电器用完不拔或胡乱放置，如果每次用完把充电器放进皮箱里，或用绳子把充电器与皮箱连起来就不会忘记。对反复发生的问题，要寻找规律，找出解决问题的根本办法，而不是老换门锁、老买充电器。形成这样的思维方式，就可以避免好多麻烦。

二是专注思考。

身处信息碎片化的今天，眼花缭乱的世界让人容易分心走神，静不下心来。多关注与自己有关的事情，多思考自己，“吾日三省吾身”。失败不是成功之母，反省失败才是成功之母。少窥探别人的事情，成天抱着手机观看别人的生活，必然耽误自己的生活。你为什么不能心想事成？因为想得不够，你的意愿还不是非常强烈、持久、发自内心深处，难以表现为外在的变化。日本著名实业家稻盛和夫说：“你的愿望必须强烈到让你朝思暮想，时时刻刻都记挂在心。从头顶到脚趾，全身上下都充满了这个念头，假设哪天受了伤，甚至伤口流出的不是血，而是这个‘想法’，这是达成目标的唯一途径。”

三是独立思考。

独立思考的本质，是用科学的方法思考问题，是一种辩证思维。就是一切从实际出发，一切以时间、地点、条件为转移，具体问题，具体分析，具体处理。孟子说：“尽信书不如无书。”法国群体心理学创始人古斯塔夫·勒庞在《乌合之众》一书中讲道：“人一到群体中，智商就严重降低。”现在网上的信息鱼龙混杂、真假难辨，要多学习多动脑，有主见有定力。要紧密结合自己的实际，既不要一概排斥、全盘否定，也不要轻易接受、人云亦云。

四是冷静思考。

静能生慧，冷静是大智慧。在面对不测时，冷静思考，稳住阵脚，往往能使被动变为主动。越是发生大事，越需要冷静。冲动是魔鬼，愤怒以愚蠢开始，以后悔告终。人在愤怒的一瞬间，智商等于零。在智商等于零的情况下，什么事都可能发生。有人提出控制愤怒的方法：在生气的时候，开口前先数到十，如果非常愤怒，先数到一百。人们不妨将“制怒、冷静、三思、后行”作为自己的座右铭，在遇到让自己愤怒的事情时，多提醒自己冷静。遇事多考虑3分钟，越大的事越需要反复思考。遇事多想想后果，想清楚了再做，如果承受不了后果就别做。不要在冲动时作任何决定，因为这个决定可能会使你后悔一生。

第十二章　感知幸福需要智慧

物质越来越富有，人却越来越感觉不到幸福，这一社会现象已经成为全球性问题。其实幸福只是一种感觉，物质带来的幸福终归是有限的，而精神方面的幸福才是无限的。现在的人们大都在拼命追求物质带来的有限幸福，却在不知不觉中舍弃精神方面的无限幸福，所以总是觉得不够幸福。

幸福只是一种感觉

叔本华说，人生无所谓幸福，不痛苦便是幸福。痛苦是真实的、存在的，幸福并无实体的存在。幸福是一种心理状态，而非实质的存在。基于此种认识，人生努力的方向应该是尽量避免痛苦，而不是追求幸福，因为根本没有幸福那样的一个东西。能避免痛苦，幸福自然就来了。比如牙疼是真实存在的一种痛苦，每个人牙疼都会痛苦；但牙不疼的幸福人们体会不到，因为幸福是一种感觉，并无实体存在。所以说，在人的一生中，能够避免痛苦、避免不幸就是幸福。

感觉是个很奇怪的东西，面对同样的事物，在不同的环境下，或对于不同的人，感觉是不一样的。比如去一个陌生的地方，往返同样的距离，但感觉去时比返回的时间长。同样是一杯水，人非常口渴的时候，有水就是幸福；不渴的时候，看到一杯水不会感到幸福。同样面对一个馒头，饿极了的人和刚吃饱饭的人感觉是不一样的。

人的很多快乐和烦恼，不是来自客观世界，而是对客观世界的反映。反映出的是快乐还是烦恼，全在于人的那颗心。

为什么物质财富增加了反而感觉不到幸福？因为人在饿肚子的时候只有一个想法，但在吃饱以后就会产生很多想法。对于衣食无忧的人来讲，随着物质财富的增加，物质对感官的刺激作用会越来越弱，即使有物质刺激的快乐也持续时间很短，比物质重要的是精神的愉悦和充实。在解决了衣食住行等基本生活需求之后，人们对幸福的感受与财富的多少没有必然联系，不一定钱越多越幸福。

古希腊哲学家伊壁鸠鲁说："幸福就是快乐，而快乐就是身体的无痛苦和灵魂的无烦恼。所以，为了幸福，你不要做损害健康的事，不要做扰乱灵魂的事。"他认为，快乐是人生的目的，人活着图的就是快乐，但反对把纵欲当作幸福快乐。

虽然拥有健康的身体是一件很幸福的事，但是没有多少人能够感觉到。只有生过大病的人，才能体会到无病一身轻的幸福感。其实在人的一生中，少跑医院、生活能自理已经很幸福了。对于一个人来说，官再大，钱再多，其他方面再好，没有健康的身体，很难幸福快乐。有位90多岁的美国老太太对年轻人说："感谢上帝，我可以自己走到卫生间。你会认为这没什么，因为你还年轻，等你年龄大了就明白了：生活中最好的事情，就是你能自己上卫生间。"

没有大的烦恼其实也是一种幸福。衡量一个人是否幸福，不是看其有多少高兴的事儿，而是看其有多少烦恼的事儿。人不可能没有烦恼，但看是为什么而烦恼。如果经常为小事烦恼，说明他过得很幸福。因为一个人能为小事烦恼，说明他没有大的烦恼。比如一个因为别人说自己闲话而烦恼的人，当得知自己得绝症后，就不会再为闲言碎语而烦恼了。有人说自己没什么痛苦和大的烦恼，但就是感觉不到幸福。那是因为个人心态的问题，缺乏感知幸福的智慧和能力，身在福中不知福。

感知幸福快乐需要智慧和能力。情绪不好，往往是因为智慧不够。有个外国作家说，如果你手上扎了一根刺，那你应当高兴才对，幸亏不是扎在眼睛里。别以为这只是幽默说辞，其实是非常重要的人生智慧。在承受个人的苦难和不幸的时候，要想到这个世界上还有更大的苦难和不幸，这时个人的苦难和不幸就会变小、变轻。

快乐不是天赋，而是一种能力。快乐的人不是没有痛苦，而是不被痛苦左右。有智慧的人总是会想事，总能找到自己快乐的理由。比如有人影响了自己的情绪，应该把重点放在控制、调节自己的情绪上，而不是放在对付影响自己情绪的人身上。假如因为买菜亏了几块钱而难受一天，等于不仅亏了钱，而且还花几块钱买走了一天的好心情。

从前，两个工匠去卖花盆，途中不幸翻了车，花盆打碎了一大半。悲观的工匠说，真倒霉，摔坏了这么多花盆！乐观的工匠说，真幸运，还有这么多花盆没摔碎。遇事时，坦然面对，以乐观的心态应对，让开心成为一种习惯。

幸福的问题只能在精神层面解决

思想家、哲学家、教育家梁漱溟认为，人要幸福，需解决三大问题。首先要解决人和物之间的问题，其次要解决人和人之间的问题，最后要解决人和内心之间的问题。解决人和物之间的问题，就是解决人的温饱问题。解决人和人之间的问题，主要是处理好与配偶、父母、子女和上下级之间的问题。但这两者的解决，并不能让人获得真正的幸福。真正的幸福来自第三层面，即解决人和内心之间的问题。真正的幸福从不依赖于外在的事物，而是内心的一种平静的状态。

人与自己内心之间的问题，就是精神层面的问题，就是我们前面所讲的“精神无烦恼”的问题。也就是说，幸福的问题，只有在精神层面才能解决，而不可能在物质层面解决。现在人们的生活好了，反而不快乐的原因就在这里。真正的幸福是内心的一种平静状态，但现实世界诱惑太多，物欲太强，压力太大，人们的内心难以平静，所以影响幸福快乐。

物质财富带给人的幸福快乐是短暂的、有限的，而且人的物质欲望是无止境的。得到钱财以后，还想要更多的钱财；得到权力以后，还想要更大的权力；得到名誉以后，还想要更大的名誉。一旦钱财受损、当官受挫、名誉被毁，就会不幸福，甚至很痛苦。所以，对身外之物的苛求和贪得无厌，是不幸福、不快乐的根源。一个人的幸福程度，取决于他多大程度上可以摆脱对外部世界的依附。当一个人越依附于某个东西、某件事情或某个人时，他的幸福指数就会越低。有所得是低层次快乐，无所求是高层次快乐。低层次快乐容易得到也容易失去，高层次快乐不容易得到也不容易失去。喜乐人生来源于高层次快乐，想要活出喜乐人生尚需长期学习修炼。

心态决定人生的幸福快乐

人类有一个伟大的发现，就是可以凭借改变心态来改变自己的命运，于是有了“心态决定命运”的观点。之所以说心态重要，是因为人的心理状态是个很奇怪的东西。不仅人与人的心态千差万别，而且同一个人面对同一事物的感觉也不一样。很多时候，决定人情绪的不是现实生活本身，而是对现实生活的看法和态度。比如涨工资，有的人说：“不错，这次又涨了200块！”而有的人说：“200块能干啥？还没有物价涨得快呢！”看似说得都对，但人的心态不一样。心态不一样，人生就不一样，后者除了影响心情没什么好处。同样一件事，想通了就是天堂，想不通就是地狱。同样一颗心，有的能装下高山大海，有的只能装点儿蝇头小利。心大了，事情就小了，所以总能应对自如、心情舒畅。心小了，事情就大了，所以总是困难重重、烦恼不断。

在人的各种心态中，敬畏心排第一。敬畏心是人类面对自然、社会所怀有的一种敬重与畏惧心理，是一个人思想灵魂里最基础的素质。不论任何人，如果对因果、法纪、规则、道德、伦理等没有敬畏心，必然受到惩罚。因为一个人如果没有敬畏之心，就再也没有什么东西能够束缚他的心灵，就什么坏事都能干得出来。敬畏生命，才能珍惜他人和自己的生命；敬畏法纪，才能遵守法纪；敬畏规章，才能严守规章；敬畏工作，才能爱岗敬业；敬畏婚姻，才能尊重配偶；敬畏因果，才能积德行善。人有敬畏心，言行有底线，才能活得安宁。

慈悲心就是善良心、同情心、怜悯之心、不忍之心。佛教讲“慈悲为怀”，就是以恻隐怜悯之心为根本。人生要想得到幸福安宁，就要多积德行善、与人为善。为非作歹，铁石心肠，损人利己的，必然没有好下场。

感恩心是一种感激心理、亏欠心理、报恩心理。感恩心能让人快乐、进取、向善、走正道。人生路上，拥有一颗感恩之心，不仅对自己的现状心存感激，而且对别人为自己所做的一切心存感激。感恩大自然的福佑，感恩父母的养育，感恩社会的安定，感恩食之香甜，感恩衣之温暖，感恩花鸟鱼虫，感恩苦难逆境。不仅要感恩对你好的人，还要感恩伤害你的人，因为他磨炼了你的心志。感恩欺骗你的人，他增进了你的见识。感恩绊倒你的人，他强化了你的能力。感恩没有帮助你的人，他促使你独立自强。人习惯了得到，就容易忘记感恩，把家人、朋友等给自己带来的种种好处视为理所当然。即使夫妻之间也需要相互感恩报恩。心存感恩的人，容易快乐幸福，而且活得年轻健康。永远保持一颗感恩的心，人生境遇会越来越好。

进取心是一种主动做事的积极向上的心态，是社会发展和人生进步的动力，是人类智慧的源泉。一个人一事无成的最直接原因就是缺乏进取心。人与人的区别，很多时候是积极与消极的区别，一生具有积极向上心态的人，人生有目标，做事有激情，生活有滋味，日子有奔头。

平常心是一种从容淡定的平和心态，是达到一定境界的人生哲学和生活艺术。平常心就是尊重事物的发展规律和客观现实，以平常心对待无常事，既主动争取、尽力而为，又顺其自然、不苛求强求。得之淡然，失之泰然，不急不躁，宠辱不惊。不羡慕别人的生活，也不将就自己的生活。平常心的核心：一是知足。一个得不到满足的心灵是永远不会快乐的。生活要知足，知足才能常乐。事业要有追求，有追求生命才有活力。知足不是满足现状不进取，而是争取以后不强求。在基本生活需求满足后，物质需求越少，身心自由越多。心境简单了，才有心思经营生活。生活简单了，才有时间享受人生。二是看淡。比如，看淡钱财，君子爱财取之有道；看淡得失，珍惜自己的，不抢别人的，不做损人利己的事；看淡人心，严以律己，宽以待人，人间最美是距离；看淡寿命，尽人事听天命，自己重视健康，寿命顺其自然，不让追求长寿成为心理负担。

乐观是一种积极心态，核心是遇事往好处想。比如拿橘子来比喻人生，一种橘子大而酸，一种橘子小而甜，有的人拿到大的会抱怨酸，拿到甜的又会抱怨小；而有的人拿到小橘子会庆幸它是甜的，拿到酸橘子会感谢它是大的。橘子不可能都又大又甜，人生也不可能完满无缺，活得快乐不快乐，就看自己的心态了。有得有失才是人生，不要唉声叹气或愤愤不平。生活处在不断变化之中，不要被当下的得失迷住眼睛。既然不能在身外之物上让自己开心，那就学着在内心世界上让自己开心。一颗乐观、强大的心，不是去征服什么，而是去承受什么。网上有两幅照片：一幅是夫妻俩开车回家时，妻子不小心将车开上消防栓而翻车，车子严重损坏，两人满身是血，但确定双方无大碍时，他们第一件事是拍合照留作纪念，而不是吵架抱怨。另一幅是外国一家人，房子着火，家人平安，见救火无望，干脆以火场为背景，来一张面带笑容的合影，灾难无情人有情，人在家就在。时间会解决一切问题。当失败、遭受厄运、痛苦时，告诉自己一切都会过去，不要心灰意懒、悲观失望。在人生低潮期而无力改变时，要学会安静地等待。只要熬过低潮期，就会雨过天晴、柳暗花明。

幸福快乐的七大智慧

一是控制物质欲望。

一个人物质欲望越强就越难幸福快乐，一颗被欲望控制的心是无法安宁的。喜乐人生的快乐，不是欲望之乐，而是无欲之乐。欲望是驱使人们向往、追求某种东西的内在动力。“无欲之乐”不是没有欲望，而是没有不良欲望和欲望不要过度。人怎么能没有欲望？饥时欲食，寒时欲衣，不但有衣食住行的基本欲望，而且有不断改善物质文化生活的欲望。人类正是通过永不止息的欲望，激发无穷无尽的精神力量，不断推动社会发展、科技进步，感受不懈奋斗的快乐和享受劳动成果的喜悦。

获得快乐的最终方法，不是增加财富，而是降低欲望。因为人生是一个产生欲望—实现欲望—萌生新的欲望的过程，它的动因是永不满足，往往产生于同他人的比较，比较总是把人的欲望引向更加强烈和更高层次。烦恼就是想要的太多，但求而不得。一个人的能力终究是有限的，只要追名逐利的欲望没有尽头，人的烦恼就永远没有尽头。所以，一个人追求幸福的能力，就是控制欲望的能力，一颗得不到满足的心灵是永远不会快乐的。

当今世界，对物质、消费、享乐的追求成为全球性潮流，消费不再是满足生活需求的手段，而是成为一种身份和地位的象征。物质越来越丰富，消费越来越高档，总觉得钱不够花，所以要拼命地挣钱。无限的物质欲望，会让人精疲力竭、焦虑不堪。只要还沉浸在物质世界里，人是很难获得快乐的。

二是学会放下。

人生要拿得起、放得下，拿得起靠能力，放得下靠智慧。生活就像一个袋子，装得越多，背得越重，活得越累。人生就是一路走一路捡、一路走一路扔，最后两手空空“撒手人寰”。所以自古以来，圣贤们反复劝导人们想开、看淡、放下。害怕失去是痛苦的根源，烦恼都是因为太在乎，你越在乎什么，什么就越折磨你。不论是金钱、地位、权力、名誉、亲情、爱情、友情等都是如此。幸福的真谛不是努力获取，而是懂得对生活中无关紧要的和无法改变的一切放手。比如放下名利，一个人什么时候摆脱名利的缠绕，什么时候就轻松愉快、身心健康。能够放得下自己是一种智慧，能够放得下别人是一种慈悲。实在想不开、放不下的时候，多去医院重症监护室或墓地、殡仪馆看看，就会想开好多事、看淡好多事。

三是不盲目攀比。

盲目攀比是一种非常有害的思维方式和心理现象，多指不顾自身情况和外部条件，盲目与他人比较。我们生活中的许多烦恼，都是和别人攀比出来的。人的心智越成熟，越会觉得人与人比较没有任何意义。让两个不同的事物进行比较，完全是自寻烦恼。很多时候人们的不快乐，不是因为自己得到的少，而是因为别人得到的多，追求的不是幸福，而是比别人幸福。比如，老王辛苦一年，自认为比别人干得多，年终发了1万元奖金，而他第一个念头是打听其他同事的奖金。结果他可能产生4种情绪：一是其他人发了5000元，老王暗自高兴；二是其他人也发了1万元，老王有一丝失望；三是其他人发了1.2万元，老王心中郁闷；四是其他人发了2万元，老王心里恼火。同样是1万元奖金，对人的心情竟然有如此大的影响。我们追求的生活不应是比别人好，而应该是比以前的自己好。要学会正向比，比如在物质享受上与不如自己的人比，比出知足和珍惜；在工作学习上与比自己强的人比，比出目标和动力。

四是常想一二，不思八九。

宋代词人辛弃疾曾感慨：叹人生，不如意事，十之八九。民国元老于右任的养生之道："常想一二，不思八九。"人生不如意事十有八九，"求不得"是人生常态。常想一二成如意的、快乐的事情，不想那八九成不如意、不快乐的事情。比如常想自己比较好的方面，不想自己不如人的方面。将快乐的事留在心底，让烦恼的事随风而去，倾尽全力不让任何事情破坏自己的心情。经常默念"我用不着为这些事情烦恼"，你会发现有一股不可思议的力量，让自己排解了烦恼。

五是专注自己的生活。

世界上有两种幸福：一种是让别人看到自己过得幸福，需要不断证明自己比别人幸福。比如钱财比别人多、房子比别人大、汽车比别人贵，这是世俗的幸福。由于生活是为了让别人看，所以这种人往往活得比较累，因为他永远在与别人的比较、竞争中挣扎。另一种是只需自己感到幸福，是一种自己心灵自由的幸福。通过努力争取、控制欲望、调节心性、丰富精神来获得幸福，不在乎外界世俗的目光，这种人活得相对比较轻松。心智成熟的人，只看到自己拥有的，珍惜自己拥有的，专注经营自己当下的生活，而不是窥探别人的生活。活在过去的人抑郁，活在未来的人焦虑，活在当下的人快乐。

六是安分守己过日子。

人贵在心安。一个人如果违法乱纪，日子过得提心吊胆，就谈不上幸福快乐。好人未必一生平安，但好人可以一生心安。安分守己，遵章守纪，白天拿安分的薪水，晚上睡安稳的美觉，坦然生活才能幸福。即使地位再高、钱财再多，如果活得不安宁、心里不踏实，也不会有真正的幸福快乐。

七是生活简单。

人生在世，知道自己需要什么，只不过是一个人的本能；而懂得自己不需要什么，才是一个人的智慧。简朴的生活，高贵的灵魂，是人生的至高境界。人生就是这样，小时候简单，所以天真烂漫很快乐；长大了复杂，所以焦虑烦躁不快乐。为什么？因为身外之物的缠绕。人拥有的物质财富越多，就越会为害怕失去而操心，必然导致情绪的起起伏伏。如果一个人太看重物质享受，就必然要付出精神上的代价。

幸福快乐的八字要诀

争取、放弃、选择、适应，是幸福快乐的八字要诀。人的一生，是一个不断争取、不断放弃、不断选择、不断适应的过程。争取是幸福快乐的前提，幸福要靠主观努力。放弃是幸福快乐的智慧，面对诱惑收放自如。选择是幸福快乐的关键，人生选择决定命运。适应是幸福快乐的保证，世间万物适者生存。

一是争取是幸福快乐的前提。

幸福感来源于一颗热爱生活的心。要想过上幸福生活，首先自己要积极争取。一个人积极的想法越多，就越容易走通前面的路。人生在世，一半要争，一半要随，主观上要争，客观上要随。这个争，不是与别人争，而是与自己争、与困难争。尽人事，听天命，首先得尽人事。比如，想上好的学校，首先得刻苦学习，主观上努力争取，但能不能争取到，还要看自己努力的结果、其他考生的成绩以及招生名额等因素。这就是主观上要争、客观上要随，主观上尽人事，客观上听天命。

二是放弃是幸福快乐的智慧。

人生是一个不断放弃的过程，比如放弃不切实际的非分之想，放弃身外之物的贪婪欲望，放弃有害健康的不良生活习惯，等等。放弃是及时止损。美国一位心理学教授曾说，我们人生中90%的不幸，都是因为不甘心引起的。例如，赌博输了10万元不甘心而不收手，结果输得倾家荡产；花50元买了一张电影票去看电影，但看了一会儿觉得电影拍得太烂，这时很多人的做法是忍着看完，不看50元白花了，结果为了50元受了两个小时的罪。其实这时应该及时止损、立马走人。不然，你浪费的就不只是50元钱，还有两个小时的时间，可能还影响心情。人生总要经历各种失败，一旦发现，及时止损，停止、放弃是最明智的选择。放弃是一种妥协，一种适度的弯曲。至刚易折，至柔无损。

在林海雪原，雪松面对外界压力，尽力去承受，当实在承受不了时，就选择枝叶弯曲把积雪落掉，因为能屈能伸，所以傲然挺立。对外界的压力我们要尽可能地去承受，实在承受不了时，要像雪松积雪压顶一样，学会弯曲低头，给自己松绑减压。如果在强大的压力面前死撑硬拼，就会带来无谓的牺牲。“永不低头”“永不言弃”，有时会成为一种误导。人生最怕的是错误的坚持和轻易的放弃，人生最难的是在放与不放之间犹豫不决。真正决定放弃了，反而会有一种轻松释然、柳暗花明之感。在一条不适合自己的道路上奔波，就如同穿一双不合脚的鞋子奔跑一样痛苦。放弃不想放弃的是无奈，放弃不该放弃的是无能，不放弃该放弃的是无知，不放弃不该放弃的是执着，究竟该不该放弃靠人生智慧。

三是选择是幸福快乐的关键。

人生是一条有无限多岔路口的长路，永远在不停地作着选择，人生就是一个个选择的总和。人生除了起点和正常的终点自己无法选择外，中间是由自己大大小小无数个选择组成的。比如，人生目标追求的选择、勤奋还是懒惰的选择、终身伴侣的选择、生活方式的选择等。选择大于努力，选择不对，努力白费。过去的选择决定现在，现在的选择决定未来。如选错职业会憋屈，选错伴侣会痛苦，选错朋友会学坏，选择错误的生活方式身体会不健康。人的一生虽然漫长，但关键时刻只有几步，尤其是年轻的时候。很多成功人士回首往事时，都会庆幸自己在关键时刻作出正确的选择，所以说选择决定命运。

四是适应是幸福快乐的保证。

世间万物的生存法则是适者生存，而不是强者生存。相对于强者来说，弱者更懂得适应。因为懂得适应，所以会有更多生存的机会。适应是弱者的生存智慧。蜥蜴虽然弱小，但在地球上已经生存了上万年。而恐龙虽然强大，却奇迹般地早已灭绝。蜥蜴的生存之道就是随机应变，它可以随环境变化不断地变换自己的肤色，变换肤色常常使它逃过一次次的生命劫难。而强者的悲哀在于，他们自恃强大，往往不懂得妥协让步。水能流到大海，是因为它巧妙地避开一切障碍，不断拐弯前行。人生也一样，遇事拐个弯，逆境也能成机遇。当看到没路时，不是路已走到尽头，而是该转弯了，这时最怕“一根筋”。当一条路走到尽头时，或许转机就会出现。如果转机没有出现，说明那条路还没到尽头。

一个人拥有适应客观世界的能力，懂得并坚持争取、放弃、选择、适应，在全力以赴之后学会顺其自然，是幸福快乐的重要法则。

休闲是幸福生活的重要组成部分

休闲是人们在劳动以外的一种时间利用方式，是一项愉悦身心的健康活动。在生产力极其低下时，人们起早贪黑劳动都填不饱肚子，顾不上休闲娱乐。当今社会，随着经济科技快速发展，劳动生产率极大提高，人们的闲暇时间越来越多，加上生活节奏不断加快，人们压力增大、容易焦虑，需要通过休闲娱乐来放松精神、愉悦身心。如果生活节奏太快、压力太大，人的生理心理健康就会出问题。所以，休闲娱乐是幸福生活必不可少的组成部分。

美国一位大金融家曾说过，你必须明白娱乐和工作同样重要，因为你是作为一个活生生的人享受生活，而不是一架没有任何欲望的工作机器。人是需要放松的，长期紧张工作反而影响工作。所以，既要操劳工作，也要阳光沙滩。

人要有兴趣爱好。心理学家告诉我们，人是应该有嗜好的。人若无嗜好，便不会感到真正的快乐。至于这种嗜好是什么则无关紧要，琴棋书画、音乐舞蹈、旅游摄影、养花种草，以及钓鱼、烹饪、编织、刺绣等，随便什么都行。只要自己喜欢、爱好，并且不是不良嗜好就行。重在玩的过程，不在玩的水平，通过玩乐来丰富自己的精神生活。

人无癖则无趣，人无癖不可交。交朋友要看他有没有癖好，没有癖好的人最好不要与他来往。因为一个人如果没有爱好，对什么都提不起兴趣，眼前空无一物，才疏学浅，生活刻板，无激情可言。一个有爱好的人，必然是有情趣、爱生活的人。

有趣的人即使是一介草民，也能把日子过得有滋有味，即使是普通的一天，也会想方设法让它多点儿生活气息。老舍先生在《把日子过得有趣》中说道，一辈子很短，要么有趣，要么老去，所以应该在有限的生命里做一个有趣的人。

一个无趣的人，即使是高官富翁，也会让家庭生活寡淡如水。一个人有趣无趣，退休后看得最明显。有的人退休后才发现原来除了工作，自己没什么兴趣爱好，当然也就难有生活激情，因此培养兴趣爱好很重要。不论男女，总得喜欢点儿什么，生活才能变得丰富，人生才会更有意义。

休闲旅游有利于身心健康。随着我国经济社会的快速发展，休闲旅游成为人们美好生活和精神文化需求的重要内容，也是人民生活水平提高的重要标志。大自然不仅赐予人类必需的阳光、空气和水，而且造就出千姿百态的自然景色。人类优秀的历史文化，丰富多彩的风俗民情，说不尽的神话故事，品不尽的天下美食，让旅游成为人们丰富生活、愉悦身心的重要途径。

老年人想去旅游的要趁早行动。趁年龄尚小、腿脚尚好时，想去的地方尽早去，看看大好河山，品品天下美食，换换生活环境。给子女看孩子的老年人，可采取找人替代等办法落实出行计划，避免等看完孩子后，因年老体弱而留下遗憾。年龄大后不宜频繁出游，行程不要安排太满，最好不要跟团游。可以到一个地方住一段时间，避寒避暑，调养身心。如果频繁变换居所，环境、气候、行程、饮食、睡眠等都会对老年人的健康产生影响。

世界卫生组织预测，抑郁症可能成为人类仅次于心脑血管疾病的第二大疾病。因此，应通过兴趣爱好、休闲旅游等途径，放松精神，缓解压力，开阔视野，改变心态，促进身心健康和幸福感的提升。

第十三章　自我主宰，过好人生第二春

人生百年，5个20年而已。大体来讲，第一个20年是成长求学之年；第二个20年是成家立业之年；第三个20年是负重前行之年；第四个20年是享受人生之年；第五个20年是洪福齐天之年。英国大文豪萧伯纳说过，60岁以后才是真正的人生。因为退休以后，人生由负重摸索前行转变为轻车熟路折返，由身不由己的人生转变为自我主宰的人生。

对退休生活有所规划

如今人们的寿命越来越长，退休后还有几十年的时光，甚至与工作时间相当。退休前是人生的打基础阶段，退休后才是享受人生阶段。退休不是退出历史舞台，而是换了一个更广阔、更自由的人生舞台。关键是如何利用这个舞台，演好自己后面几十年的人生大戏。日本作家渡边淳一曾说："人生最后的十年、二十年的活法，是决定这个人这辈子是否活得精彩的关键所在。正因为如此，我们在活到五十岁时，就必须认真考虑后面五十年的活法问题了。"

老年生活是一个人一辈子的积累在最后阶段的体现，所

以应该有超前意识，认真了解老年生活的特点，提前做好心理准备和物质准备。

老年生活质量贵在心态，关键靠自我主宰，只有活得明白，老年生活才能自由自在。比如不要活在只为儿女操劳的生活中，不要活在纠结过去不愉快的事情中，不要活在外面人际关系的是非中，不要活在无所事事的空虚无聊中，不要活在对衰老和疾病的忧伤恐惧中。养老，从根本上讲还得靠自己，选择适合自己的养老方式，自我主宰自己的老年生活。即使是生活不能自理，甚至临终时期，自己的生活也要在脑子清醒时做好安排。很多老人表示，从来没有想过退休生活如何规划，都在漫无目的地打发宝贵时光。

对老年生活应有心理准备。捷克小说家米兰·昆德拉说：“老人是对老年一无所知的孩子。”很多老人并没有做好面对老年的准备，他们以为步入老年后的这段人生之路，与以前的童年、少年、青年、中年路段没有太大的不同。他们不知道，虽然路还是路，但此段路的沿途风景，与以往走过的路有极大的不同。比如陪伴身边的人越来越少，社会关注度越来越低，家庭顶梁柱、主心骨地位渐渐弱化，品尝孤独将成为生活的常态，体力越来越弱，疾病越来越多，日常生活越来越需要别人帮助等。衰老与死亡是每个人必然面对的人生课题，所以我们不必消极回避、忧伤恐惧，要坦然面对，珍惜时光，自我主宰，把“养老”变成“享老”，尽情享受人生第二个春天。

要有新的生活目标和追求。退休后离开工作环境的刺激，如果没有新的生活目标和追求，人就会感到空虚无聊，加速机体老化和大脑退化，引起抵抗力下降，各种疾病就会乘虚而入。有的人退休后，几年都适应不了新的生活，暮气沉沉，无所适从，像变了一个人似的。而有的人退休后，忙忙碌碌，生活丰富，精神焕发，好像越活越年轻了。有追求是一个人心理年轻的表现，一个人只要还有追求，他就没有老。凡是老年活得精彩的人，都是与时俱进、追求不止的人。法国启蒙思想家卢梭说："青年期是增长才智的时期，老年期则是运用才智的时期。"由于职业和生存环境的限制，绝大多数人的生命潜能和才智，在职时有太多未被发现和发挥。退休后，应该是一个人无拘无束释放潜能、发挥才智的最好时期。

退休规划的核心是让自己忙起来。不断设定目标，不断追求目标，做喜欢的事、擅长的事、有益身心健康的事。大量事实表明，生活有目标的老年人身体更健康，无所事事的人身体衰老退化就会加快。老年朋友可通过设定追求目标来丰富生活、保持好心态，一切为实现这些目标而努力忙碌，那么周围一些不愉快的事情也就不以为然了。如果既没有兴趣爱好让自己开心，又不善于潜入书海让自己静心，也不爱做家务让自己少有闲心，每天无所事事打发时间，孤独、无聊、寂寞、烦恼等各种不良心境，就会伴随自己度过老年生活。

活到老，学到老，改造到老。珍惜人生的每一个阶段，不要消极懈怠、虚度光阴，更不要倚老卖老、玩世不恭。人越老越应该宽容。利用过去几十年的人生积累，总结过去做人做事的经验教训，在有幸享受人生第二个春天的时光中，让自己变成一个更加优秀的人。

婚姻进入第二次磨合期

少年夫妻老来伴。人到老年，儿女都有自己的家庭和事业，指望儿女照顾不现实，还得靠夫妻相依为命。

退休以后，船到码头车到站，夫妻双双把家还，人生舞台的主要节目就是“二人台”，后面的节目能不能演好，就看夫妻怎么配合。有的老年朋友，懂得夫妻的相处之道，互相尊重，互相取悦，互助前行，一屋两人三餐四季，携手共度老年生活。遗憾的是，有的老年朋友退休后人闲生事，使“七年之痒”变成“七十之痒”。有的把朝夕相处几十年的老伴斗走了，留下孤单一人。也许不到身体衰弱得不成样子时，人是体会不到什么叫相依为命的。

退休以后，心理上的失落感，生活圈子的缩小，情绪的异常变化，真正的“朝夕相处”，都容易成为夫妻矛盾的导火索，让多年的积怨爆发。有些含辛茹苦几十年的老夫妻，在孩子成家立业可以尽享天伦之时，却选择了分道扬镳。有关数据显示，我国老年人离婚率与30年前相比翻了一番。“银发离”“黄昏离”越来越多，而且老年人离婚极少有冲动离婚的。这也给年轻人敲响了警钟：婚姻是需要长期用心经营守护的，不要以为结婚多年，婚姻就会牢不可破，哪怕七老八十，如果心灰意懒、忍无可忍时，也可能选择离婚。不少老年婚姻的维系是因为孩子，而不是夫妻感情。

一位65岁决意离婚的阿姨说：我不是冲动，忍气吞声大半辈子，如今儿女都已成家，我不用顾虑什么了。他对家庭没有一点儿责任感，整天不务正业，从来没有给过我依靠。抚养孩子、操持家庭都是我，就这样还不领情，动不动就发脾气。我自己都这把年纪了，不是没事找事，实在是不想和他过了。

一位大叔说：我75岁，婚姻40年，离婚13年了。前妻性格强势，在人前从来不给我留面子，我的衣服要是没及时洗她会扔掉，为了孩子一直忍着。以前我觉得都这把年纪了，将就一下一生也就过完了。直到退休后我才发现，不管任何年龄都可以把生活过得有滋有味，离婚是我俩婚姻生活的唯一出路。

从上述两对夫妻的婚姻可以看出，婚姻中，女人最怕性格强势，男人最怕没有责任心。

退休后，老年人更应善待与自己相濡以沫几十年的老伴。不论过去忙于工作，还是没有认真想过，退休后有的是时间和精力，好好考虑如何善待老伴，把与老伴的感情用实际行动巩固好、发展好。丈夫要尽快转换角色，做“贤夫良爸”，把过去少做的家务补上来，把欠缺对妻子、孩子的关爱补回来。妻子要善待饱经风霜、退休回家的丈夫，多点儿尊重关心，少点儿挑剔抱怨。退休后父母仍然健在的，应为父母的健康长寿而欣慰，多陪陪高龄父母，多尽过去忙于工作而欠缺的孝心。

年轻时爱情甜如蜜，年老时亲情深似海。老年夫妻的感情，应该像大海一样辽阔、包容、丰富、深沉。有个女孩讲述外公的感人故事：“情人节那一天，患阿尔茨海默病的外公失踪了，晚间医院来电话说有位衣服上缝这个电话号码的老人，站在一间病房门口不肯离去。妈妈去接外公时，一到病房门口便哭了，因为外婆就是在这间病房去世的。外公傻傻地手里拿着一枝不知从哪里捡来的玫瑰。原来他忘记了很多事，但人生中刻骨铭心的事并没有忘记。”

世间万物都是因缘而生。碰到一个人并相互喜欢绝对是一种缘分，能够风风雨雨相伴几十年更是几辈子修来的缘分。如果后面的路还能一起继续走下去，相扶相伴，白头偕老，更是人生难得的福分，所以每个人都应加倍珍惜自己的另一半。

管好自己的养老保命钱

老年人要捂紧自己的钱袋子。不要轻易投资，要慎重购买保健品。自己的钱自己管，不到最后决不撒手。儿有女有不如自己有，如果把本来该留的养老钱大方地给了子女，而后期望子女养老，可能会失望甚至后悔莫及。要知道，放弃财产很可能就会放弃一切。这与善恶、孝逆无关，纯属人性与环境使然。“养儿防老”是传统社会的产物，在现代社会是难以做到的。当然如果经济宽裕，对生活压力大的子女，应体谅他们打拼阶段的不容易，给予适当帮助，别当守财奴。但对于经济不紧张的子女，让他们自食其力，锻炼提高他们的生存能力，是对成年子女最大的爱护。

如果养老金不够宽裕，退休后可以力所能及地做点儿事，既可以充实自己的钱袋子，又可以打发闲日子，也有利于锻炼身体。如韩国、日本，不少老人退休后做清洁工、服务员、快递员、大厦保安等工作。有位75岁还在送快递的韩国老婆婆说：“我的孩子也已经50多岁了，孙子他们的压力也很大，我不想再麻烦他们。”韩国5000多万人口，有420万老人不是在打工，就是在找工作的路上。日本也有大约40%的老人退休后仍在工作。

人到老年，如何管理支配自己的财产，一定要好好考虑。虽然财产最终都是子女的，但给予的方式不同，其效果会截然不同。

李阿姨有两儿一女，在老伴去世后，她把所有的积蓄平分给3个子女，心安理得地想着跟孩子们安度晚年。但后来的情况让她大失所望，没有哪个孩子主动来接她。她在冷清的老房子里一人生活，孩子们工作都忙，也很少来看她，只偶尔打个电话。由于身体和心情越来越差，李阿姨没几年就去世了。

80岁的赵老太，家里的积蓄已被老伴儿在世时看病花光，她在腿脚不好、生活难以自理后，把房子卖了120万元，用100万元理财，留下20万元应急，理财收益加上养老金每月有6000元。她在一儿一女家轮流居住，每月给子女5000元生活费，剩下1000元零花，看病钱由她另出。儿女们很高兴，后来就连侄子侄女们也让她去家里住，老太太很开心，在哪家住都有新鲜感，而且孩子们对她都很孝顺，她的身体还越来越好了。

退休后千万不要闲下来

退休只是一个人达到一定年龄后，按规定离开了原来的工作岗位。在人生的长河中没有退休，只有工作日程的变化。一位89岁还在工作的老太太说："不管你年纪多大，不管你几十岁退休，要知道我们身体里面没有'退休'二字，就是要往前走，要天天做事，脑子要天天用。"老年人一定要让自己忙碌起来，千万不要闲下来，越老越不能闲。无聊是百病之源，忙碌是治疗身病心病最好的药。人的身体有很大的潜能，用则进，废则退，如果不用，各方面的机能就会加速退化萎缩。“忙了大半辈子，退休后要好好歇歇”的想法未必正确。但退而不休，不是被迫操劳、重新上套、身不由己，而是完全由自己掌控的充实、快乐的忙碌，是无外在压力和复杂人际关系的忙碌，这种忙碌其实是玩乐、保健、享受。

漫画家方成2018年去世，享年100岁。他的养生经验就一个字“忙”。他认为，“忙”既健身又健脑，比任何保健品都好使。他说：“生活一向很平常，骑车画画写文章，养生就靠一个字：忙。”他保持快乐有两个“秘诀”：一是老有事忙，没工夫想不开心的事；二是尽人事听天命，一切顺其自然。

老年人一定不能懒。有位96岁的外国老太太说：“为什么很多老年人身体迅速退化？因为他们什么都不用自己做了，有人给他收拾房间，把饭送到眼前，甚至还给洗澡，什么脑力、体力、肌肉都不需要了，这样下去身体自然就会加速退化。”老年人要有事干、找事干，自己能干的事尽量自己干，一定不要别人代劳。即使年龄再大，只要能够动得了，就要坚持运动和做家务，这是好多长寿老人的经验。有的长寿老人晚年即使出不了门，在屋里挪着脚每天也要走几千步，生命不息，运动不止。

做家务是老年人很好的运动锻炼项目，安全、舒缓、持续、不剧烈。老年人运动能力下降，除生理老化和慢性病等原因外，缺乏运动是重要原因。不仅是走路锻炼，年龄越大越要重视肌肉锻炼，肌肉少了走路没劲、容易跌倒。肌肉的生长主要与运动和饮食有关。老年人要坚持有规律的力量锻炼来刺激肌肉生长，同时保证蛋白质的摄入。要根据自己的年龄和身体状况，选择适合自己的、活动全身的多种运动项目，不要光走路或光打乒乓球等单一运动。

大脑一定不能闲下来。人的大脑也和肢体一样，遵循用进废退规律，多用则灵，不用则废。人老脑先老，人的衰老主要是脑细胞的死亡。科学发现，老年人的脑细胞还在生长，勤用脑能够促进新细胞的产生。只要大脑的活动不停止，新生细胞就远远多于死亡细胞。

勤动脑体不动心

人生难得老来静，勤动脑体不动心。动脑与动心的区别：动脑是理性的，动心是感性的，心容易受身外之物的影响。“不以物喜，不以己悲”，是不动心的最高境界。脑要常动，心要宁静。身子不要闲下来，但心一定要静下来。有人问杨绛的长寿秘诀，她说没什么特别的长寿秘诀，归纳起来就两个字——心静。老年人最重要的健康保障是平静的心境，是内心的淡定和从容。多动脑子思考，勤活动身体，但不能动心。老年人最怕情绪波动，情绪波动必然引起血压波动，心情平静是养生之本。养身宜动，养心宜静。体不过劳，心不轻动。身动心静，百病不侵。老年人的理想日子是：兜里有钱，身体无病，手里有书，心中无事。衣食无忧是基础，身体健康是关键，手里有书不空虚，心无挂碍才安宁。

老年人要越活越简单、心事越少，而不要越活越复杂、心事越多。由童年时的简单，到青年、中年时的复杂，再到老年后的简单，是符合客观规律的发展过程。不仅要让身外之物简单，而且要让人际关系简单。世上最复杂、最影响心情的是人际关系，要想过上轻松愉快的日子，就要懂得与过去不愉快的人和事做个了断，不忘人恩，不记人过，不纠缠过去的恩恩怨怨。退休后，已经没有了工作时那种人际关系的羁绊和无奈，完全可以远离给自己带来不快的人和事，包括亲戚朋友。专注现在，面向未来，天马行空，随心所欲。只要不违法乱纪、不损人利己，自己怎么高兴就怎么来，莫理他人的闲言碎语，不在庸俗、复杂的人际关系中消耗自己。

不论家内家外，尽量少管闲事。除安全、健康和遵纪守法等重大问题外，对子女们的事不宜过问太多，扶上马送一程已尽到父母责任，后面的路还得靠他们自己摸索前行。如果老是干涉、控制子女小家庭的生活，子女和配偶会反感、疏远你。只有少管闲事，才能少生闲气。

心态好身体才能好。老年人最好的心态是知足、想开、放下、乐观。善忘是人生智慧，不要让太多的昨天占据自己宝贵的今天。老是纠缠于过去，会失去现在和未来。比如不为过去功名利禄等不顺心的事而懊恼悲伤，不为过去别人对自己的伤害而耿耿于怀，如果不忘过去职场的失意和别人的伤害，等于延续过去的失意和伤害。糊涂点儿，别太计较，计较越多烦恼越多，心情不好心脏难好。心理学告诉我们，你的坏情绪，你的身体都会记得，很多疾病本质上都是心病，好心情能够防病治病。要修炼点儿不让任何事情影响自己心情的能力，心平气和地打理好自己的老年生活，过好属于自己的每一天。不是活一天少一天，而是活一天多一天、赚一天、乐一天。尽人事听天命，只注重生活质量，不纠结寿命长短。常想一二忘八九，健康长寿样样有。

始终保持年轻心态

人类意识的强大远远超出我们的想象，反复的心理暗示会给人体留下本不存在的印记。“心理暗示能够杀死一个人。”国外有人曾对死刑犯做过“假放血实验”，结果真的导致犯人死亡。暗示致人死亡的原因，与极度恐惧引起的生理反应有关。积极的暗示能对人的心理产生积极的影响，激发人的潜能，让人精神振奋。

研究表明，如果人们在心理上相信自己年轻，身体便会作出相应的配合，使自己的身体变得年轻。一个人如果心态老了，老是暗示自己老了，机体的老化就会加快，免疫力也会加速下降，各种疾病就会找上门来。

一位心理学家说，有些老年人虚弱、无助、多病等，往往源于一种习惯性的心理暗示，而不一定是必然的生理表现，有的人心理衰老比生理衰老严重得多。一个人什么时候觉得自己老了，那就真的老了。如果觉得自己年轻，即使生理上老了，但心理上仍是年轻的。

老年人心态年轻的8个表现：一是始终有目标、有追求，积极找事做，老觉得时间不够用。二是怀有好奇心，喜欢新鲜事物，比如学习使用智能手机等。三是至少有一项健康而有激情的爱好。四是喜欢打扮，追求精致的生活。五是喜欢旅行，爱在户外活动。六是一日三餐不应付，喜欢精选食材，做营养可口的饭菜。七是有活力、有精气神，而不是经常面带愁容。八是别人称自己为老人时心里别扭。

“无龄感”有利于身心健康。“无龄感”是一种年轻的心理状态和生活态度。抛开生理年龄的心理阴影，让自己保持一种与年龄无关的青春式生活状态。“忘记”年龄是许多长寿老人保持年轻快乐的一大秘诀，能对老年人的心理健康和抗衰老意志产生积极暗示。英国知名医生胡克的健康长寿法第一条就是：从大脑中驱逐出年纪越来越大的想法。有人提出“减岁法”，即把自己的年龄减去10岁，比如80岁时当70岁，人的心情也就年轻10岁。这个心理暗示的作用是明显的，减去的是忧虑和老态，增添的是开心和活力。有研究表明，人的心理状态和精神力量对身体的影响是非常大的，大到甚至能影响衰老的进展，心理上的年轻能够缓解生理上的衰老。

一些老年人经常念叨自己的年龄，越念叨越觉得没有希望、没有未来，过一个年或过一个生日，危机感、焦虑感、恐惧感增加一码。其实现代人的年龄很难说得准，有些七八十岁的人，看上去也就五六十岁的样子，而且无论是心理还是生理年龄，现代人越来越呈现年轻化。唐代诗人白居易曾感叹："鬓发苍浪牙齿疏，不觉身年四十七。"那时候才47岁就老得不成样子了。古人说，"五十不出游"，现在七八十岁到处跑。有人说："过了60岁，感到自己老了。"但有位80多岁的大爷说："我个人体会，人在75岁以前没有老的感觉，体力、精力和中年时一样，过了75岁以后才感觉到老了。"而有位93岁的大娘说："我今年感到自己确实老了，去年还没有这种感觉，能张罗一家人的饭，今年有点力不从心了。"看来什么时候老了，因人而异，没有一个基本的年龄界限，人活的不是一个岁数，而是一种心态。

"无龄感"不是不服老，而是人老心不老。心理上要年轻，但生理上一定要服老。年纪大了，力气小了，骨头酥了，血管脆了，脑子反应慢了，平衡感差了，一切都在衰老退化，这是自然规律。要吸取他人不服老的教训，不要等到自己伤筋动骨、血管破裂后才长记性。爬上爬下的家务活别干，桶装水、煤气罐等重的东西别搬，如果子女不在家，雇人搬就是省大钱。一位因搬煤气罐而造成腰椎骨折的老人，坐在轮椅上说自己"一失足成千古恨"。

爱打扮的老人心理更年轻。即使老了也要内外兼修，保持良好的形象。杭州一个家政服务市场保姆紧俏，有一天来了一位八九十岁拄着拐杖的斯文老爷爷，身穿浅驼色大衣，头戴浅灰色礼帽，脚蹬一双鹿皮软鞋，一股老知识分子的气息，吸引了市场里众多保姆的目光。老人与一位被聘阿姨离开后，几个40多岁的阿姨望着他们远去的背影，羡慕地窃窃私语："其实伺候这种比较精致的老人蛮好的！"没有女人不喜欢打扮得体、干净利索、身材匀称、温文儒雅、行事稳重的男人。一个八九十岁的老头子，竟然有如此的魅力。世界执业时间最长的医生之一——日野原重明先生，90岁时才开始学水彩画和音乐指挥，90多岁还坚持训练肌力，不仅注重饮食和生活习惯，而且对美容也很上心，104岁时还尝试祛斑治疗。不论什么年龄，平时注意衣着打扮和修饰自己，对提振精神、保持活力、促进身心健康大有裨益。

老年人再婚要慎重

现在人的寿命越来越长，有的夫妻寿命差距很大。无论是丧偶还是离异，单身时间太长不利于老年人身心健康。老年人最怕孤独、寂寞、冷清，而失去伴侣最大的问题就是孤独、寂寞、冷清。

初婚容易再婚难，老年人再婚难上难。老年人再婚稳定率不高，我国有些城市再婚老年人离婚率超过50%，有的甚至达到70%。在老年人离婚案中，再婚者占多数。老年人再婚最重要的是再婚的真实目的一定要明确，因为年老找伴儿大多是一种资源交换，虽然也会有感情，但至少不会像年轻人那样以爱情为主。

老年人再婚主要有以下三种类型。

一是陪伴型。找伴儿的目的是互相陪伴、互相帮助，解决孤独寂寞的问题。最好考虑“门当户对”，比如两人文化素质差不多，经济相当，性格爱好基本一致等。

二是保姆型。找伴儿的目的是照顾自己，主要解决自己身体不好或生活能力差的问题。最好找个年纪较轻、身体较好、愿意伺候自己的伴侣。男方养活女方，女方伺候男方，男方另给女方经济补偿。

三是爱情型。毫无疑问，最好找个年轻的，一般需要有经济实力，并有较好的身体和较强的处理问题能力。

不论上述哪种情况，老年人再婚一定要慎重，理性大于感性，不要因为孤单寂寞而草率找个老伴儿。虽然儿孙满堂不如半路夫妻，但如果处理不好会适得其反。如生活习惯和性格爱好的差异、与原配几十年岁月的痕迹会对再婚夫妻产生影响、财产问题容易引发纷争、与双方子女相处问题、日常生活等各种费用问题、能否相互信任对方以及防止婚姻诈骗等问题。“追求爱情”的老年婚姻更要十分慎重，“临老入花丛”，搞不好会给晚年生活带来诸多麻烦。

再婚能否和谐幸福，婚前做好铺垫非常重要。比如婚前一定要加强对对方实情的详细了解：再婚目的、健康状况、脾气性格、生活习惯、兴趣爱好、文化素养、经济状况、家庭成员特别是子女情况等。还比如再婚前财产公证、婚后居住场所、生老病死等细节问题，一定要双方坐下来协商妥当，以及履行必要的文字、法律手续。

防止跌倒等意外伤害

跌倒是伤害老年人的第一大杀手，死亡率随年龄的增加急剧上升，致残、致死率极高，所以老年人最怕跌倒。女性跌倒风险是男性的一倍以上。跌倒骨折的主要是髋关节、脊椎骨和手腕部，对身体伤害最大的是髋部骨折，被称为“人生最后一次骨折”。一旦骨折会造成卧床，体质会迅速下降。如果长时间卧床，肺里的痰出不来会引起肺炎及全身感染，卧床使血流变慢会导致血栓，还容易引起泌尿系统感染甚至尿毒症等。跌倒的危害不仅可能造成骨折，其振动冲击力会使老人全身机能受到破坏，加速脏腑功能退化衰竭，严重的还可能造成体内、颅内血管破裂。据国内临床统计，发生髋部骨折的老年人，一年内死亡率达50%。髋部骨折多指髋关节周围骨折，最怕的是股骨颈骨折。髋部的股骨是人体最大的长管状骨，是人体最重要的骨骼之一，对人的直立行走、活动、劳动起支撑作用。股骨的上端由股骨头、股骨颈组成。股骨头与股骨颈的关系，就如同头与脖子的关系。股骨头是上端，像一个半圆球，与髋臼形成髋关节。股骨头的外下方较细的部分叫股骨颈，90%以上的股骨颈骨折是跌倒发生的。老年人由于骨质疏松使股骨颈骨质强度下降，髋部周围肌肉萎缩使股骨颈不能得到很好的保护，平地滑倒屁股着地、从床上跌下屁股着地或下肢突然扭转等，都可能发生股骨颈骨折。

骨科专家提醒，致命的不是骨折，而是选择错误的治疗方法。因为纠结年纪大了能不能手术，不少人选择看起来更为稳妥的保守治疗，即卧床静养，结果长期卧床引起各种并发症。其实，现在人工髋关节置换术已经是比较成熟的治疗手段，而且康复也比较快。建议髋关节骨折手术能做就做，百岁老人手术康复的例子不少。家属应与医生认真沟通，如果身体状况允许，无论年龄大小，尽量在48小时内进行手术，然后积极复健。而保守治疗，看起来安全简单，但长期健康风险更大，还会给老年人的身心带来巨大的折磨，最后在痛苦中离去。

预防跌倒骨折的10项措施。

一是积极预防骨质疏松。重视补钙，多晒太阳，多食用牛奶、豆制品等多钙食物，定期检测骨密度。

二是坚持锻炼，保留肌肉。肌肉是力量的源泉，没有肌肉就没有力量。人体2/3的肌肉集中在下半身，60多岁的人可以有年轻人七成的握力和臂力，但下半身力量却只有年轻人的四成，“头重脚轻”更容易跌倒。

三是“慢”是老年人的护身符。起夜、洗澡、着急开门和上下车、上下楼梯、乘扶梯等是最容易摔倒的时刻。走路、下床、做家务等一切活动，一定要精力集中、动作缓慢。

四是清理、改造居室。房间安全改造花的钱，比跌倒医治的钱少得多。家中要做到地板无障碍，尽量别设门槛、台阶，最好别铺地毯。不穿鞋底容易打滑的鞋。房子里应该到处是扶手，尤其是浴室、卫生间必须有扶手和防滑垫。床边要有护栏、抓杆。家具的棱角、边缘等危险处要安装护角或防撞条。安装耗电极少的小夜灯，晚上所到之处都有暗光。床头、卫生间以及随身要有呼叫器，网上有多种一拖二、一拖三的呼叫器。

五是在跌倒或从床上跌下时，应迅速用双手或胳膊肘撑地，宁伤胳膊不伤腿胯，并尽可能往前倒而别往后倒或侧倒，避免臀部、腰部、头部着地。手臂骨折比腰椎骨折或髋关节骨折的治疗难度和后果小得多。手臂骨折不需要卧床，不耽误行走活动，康复训练容易做，不会发生肺部感染等致命并发症。

六是尽量坐直梯。乘扶梯时必须空手抓紧扶手。走楼梯时一定要紧抓扶手，上下楼梯的最后两个台阶最容易绊倒或踩空。

七是年老体弱后尽量不坐公交车。不仅上下车有危险，而且在司机急刹车或过快启动时可能会摔得很重。年纪大了最好别骑自行车、电动车，尽量不开车。

八是躲避危险环境和危险的人。刮风下雨和冰雪天气最好不出门。不要去人多车多的地方，交通事故是伤害老年人的第二大杀手。在早晚上下班高峰、节前自由市场和商场购物高峰等时间段尽量少外出。别在马路上或马路边散步、停留、看风景，防止汽车、电动车、自行车等各种车辆以及行人、动物等伤害。遇到醉酒者和神色异常的人时尽量回避，不要与其争论。年老体弱后经不住任何伤害，也许一次轻轻的碰撞，会让自己早走一二十年。

九是对莫名其妙的摔倒要重视。如果不是被绊倒、碰倒或站立不稳等摔倒，有可能是心脏或大脑出现了问题。有位平常很硬朗的65岁大叔，走路不慎摔倒而左手腕骨折，去医院给打了石膏，两天后大叔晕倒在卫生间，救护车送到医院后因脑出血很快便去世。其实前几天摔倒是因为脑血管问题，遗憾的是大家都把精力放在了骨折上。

十是老年人跌倒后不要急于起来。原国家卫生部发布的《老年人跌倒干预技术指南》指出，老年人跌倒不要急着爬起来或被人急于扶起，要先注意观察情况，比如意识、脉搏、呼吸以及骨折等情况，急忙扶起会引起骨折错位和心脑血管等方面的问题。

做自己的保健医生

一是增强自我保健意识和能力。

老年人应重视学习医疗保健知识，了解自己的身体情况，关注身体的异常变化。比如出现不明原因的体重骤减、持续高烧、胸闷气短、非常疲劳、异常出血、脸色变化、大小便习惯改变等，要及时就医检查。平时养成整理建立自己医疗档案的习惯，不仅要建立病历档案，而且要建立药历档案，把吃过药的药方、说明书等保存下来。医疗档案对今后的防病治病非常有用。久病成医，通过不断学习体会和向医生请教，让自己成为自己的保健医生。因为去医院看病时，医生只不过是听你的陈述或看各种检查数据，不可能掌握你的全面情况，各科医生也是各管一块。而且身体的感觉自己最清楚，不良习惯要靠自己改变，运动健身要靠自己坚持，心理健康要靠自己调整。身体不适可以多就医，但不要乱吃药，尽量少吃药。因为人到老年，肝肾功能不断减弱，到八九十岁时，肝肾功能只有年轻时的一半，解毒排毒能力大幅下降，若有点儿不舒服就大把吃药，对老年人身体的伤害太大。

二是面对疾病要有自己的主心骨。

在疾病治疗上，是“激进”还是“保守”要慎重考虑。有些疾病需要彻底治愈；有些疾病需要和平共处，不必与其较劲而非要“斩草除根”；有些疾病不能治愈，减轻疼痛、控制发展就好；有些疾病不要激惹，温和对待反而有利于康复；还有些疾病其实就是正常衰老，是躯体功能由盛转衰而带来的种种不适，老年人多病共存是正常的生理过程，改善疾病带来的不适就行。要有与病共处、视病如友的平和心态，着急上火，焦躁不安，情绪低落，反而会加重病情、危害健康。

三是别把正常的衰老当成疾病。

老年人的很多“病”，觉得哪儿都不舒服，其实不是病，是老了。睡觉少了或睡一会儿就醒，可能是分泌的褪黑素少了。觉得喘不上气来，可能是肺功能减弱了。走路没有以前灵便，可能是关节退化、骨质疏松、肌肉萎缩。尿频尿急可能是上年纪后前列腺增生肥大。症状轻微就把它当作正常的衰老，不影响生活就与症状和平共处。世界卫生组织提出，衡量老年人健康的标准不是疾病，而是功能。老年人应把对机体功能的维护作为追求健康的标准，而不是一味追求没病和体检指标正常。衰老是客观规律，不可抗拒，应该关注的是延缓功能下降的速度，越晚进入失能阶段越好。比如吃饭、穿衣、洗漱、洗澡、如厕、行走、接打电话等，这些如果能够轻松完成，说明基本生活能力是正常的。如果能做饭、洗衣服、打扫卫生、外出购物等，说明你的机体功能非常好。

四是年龄越大营养越重要。

调查显示，由于咀嚼能力下降、消化吸收功能减弱、生活节俭和因病限制饮食等原因，有不少老年人营养不良。长期营养不良，体内细胞得不到足够的营养，体质必然加速下降。老年人即使与年轻人吃同样分量的食物，其营养吸收也会远远少于年轻人。“饮食清淡”是指在营养均衡基础上的口味清淡，不要过油、过咸、过甜、过辣，而不是清水煮菜、简单凑合，粗粮细粮、鸡鸭鱼肉都要吃。胃口好、不挑食、吃杂食是几乎所有长寿老人的共同特点。生活不要太节省，有利于身心健康的钱要舍得花。花钱买高质量食材和改善吃穿住行等生活环境，比买药、买保健品好得多。

五是要长寿，存肌肉。

养老不仅要存钱，而且要存肌肉，“微胖”比“老来瘦”好。必要的肌肉和脂肪，有利于储存能量、稳定身体、保护骨骼，有利于增强免疫力、耐受力和抗打击能力，肌肉太少的人容易跌倒、骨折、加速衰老。随着年龄的增加，人体肌肉会不断流失，越老肌肉流失越快。别看有的人体重没变，很可能是脂肪增加而肌肉减少。当蛋白质摄入不足时，肌肉难以合成，容易发生“少肌症”。蛋白质含量较高的食物有奶类、蛋类、豆制品、肉类，老年人更应重视蛋白质的摄入。但光吃不练也不能长肌肉，不仅要通过增加蛋白质来缓解肌肉流失，而且还要通过运动锻炼来增肉降脂。

六是急救盒、急救卡不离身。

急救盒贴上自己的姓名、血型、住址、配偶和子女联系电话等，并装好常用急救药。比如冠心病的速效救心丸、哮喘病的哮喘喷剂、糖尿病的口服降糖药及糖果。急救卡注明自己的疾病、可能出现的症状、急救盒存放位置及注意事项等。比如，高血压易中风，急救卡应注明“及时拨打急救电话，不可随便移动身体”，等等。

善终是人生的最好结局

人生需要死亡教育。死亡教育就是让人们充分认识生与死是人类自然生命历程的组成部分，死亡是不可抗拒的自然规律，从而消除对死亡的恐惧、焦虑等心理现象，不至于在大限将至时，才慌张无奈地应对死亡。古罗马政治家、哲学家西塞罗在《论老年》里讲："死亡是自然之事，人终将一死，但要能平静以对，必须对死亡有毕生的思考。"

过去高寿老人去世叫喜丧，农村称"红白喜事"。不少人很早就开始准备寿衣，还时常把自己的寿衣拿出来晒一晒，或者给邻里亲朋展示。现在人们似乎越来越害怕面对死亡，好像死亡是强加给自己的灾难一样，不敢也不愿承认死亡是人生的一部分，因此开展死亡教育很有必要。

死亡教育要从娃娃抓起。不要忌讳，更不要回避。要告诉孩子死亡的真相，让孩子认识这个真实的世界，从小懂得生老病死是自然规律，是每个人必须面对的人生课题，当然教育的内容和方法因年龄而异。有位姑娘说："我7岁时，姥姥意外中风去世。去世前三天，我被带到她病床前。没有一个大人告诉我姥姥已经生命垂危，我完全不知道那是最后一面。我被匆匆带去，又被匆匆带走。直到姥姥下葬后一个月，我才知道她死了。至今，我还记得自己当时的愤怒和哀伤，从小跟着姥姥长大的我，怨了父母整整半年。那一个月，我趁父母不注意时，就会把姥姥的遗照藏在书包里，背着上学。我用这种方式进行自我欺骗：姥姥还活着。大人们以为把我和死亡隔离是对我的保护，却不知道这种做法对我造成了多大的伤害！"

坦然面对疾病和死亡。人类作为一个物种，与地球上的其他生物一样，有生就有死，这是自然规律。我们仰观宇宙之大，体会人在宇宙中之渺小，在历史长河中之一瞬，每个人的生死实在是微不足道。这么一想，我们对死亡的恐惧就会减轻很多。遵循规律，看透生死。成天担惊受怕、焦虑不堪，肯定影响健康与寿命。东汉学者许劭说："患死者痴，患生者智。"意思是忧虑死亡的人，傻；担心生存的人，聪明。看透生死不是轻视生命，而是以一种更加理性的态度活着。一个人把生死都看透了，自然更把身外之物看透了，所以活得轻松、过得愉快，没病防病，有病治病，治不好就坦然面对归途，有这样心态的人反而容易健康长寿。

有一位抗战老兵，72岁开始先后得了3种癌症，94岁时还去爬山旅游，100岁去世前仍坚持写作、做家务。医生给他动手术时，他安慰医生：放心手术，失败就当给你们练手。以良好的心态坦然面对疾病和死亡，是这位老人得了3种癌症还活了百岁的重要原因。

让生命终结得平静安详，既是一个人最好的结局，也是子女亲人对临终者最大的爱和孝。生命是数量和质量的统一，长寿的前提是能够生活自理。只要能生活自理，活得越长越有福气。但是，如果身患绝症治愈无望，有痛苦无尊严，生活质量极差时，不少人坚决不要家人抢救而做无谓的耗费。因为医学不是万能的，有时候医疗的作用是非常有限的。医学界有句名言："有时去治愈，常常去帮助，总是去安慰。”“有时去治愈”，说明医学的局限性，对于一些疾病，再高明的医生也束手无策。但这绝不意味着医生在病人面前无所作为，除了“有时去治愈”，医生的职责更多的是对病人“常常去帮助”和“总是去安慰”。我们每个人都要有正确面对生老病死的态度。尤其在疾病降临时，别烦躁，别抱怨，别恐惧，积极配合医生共同应对疾病。如果不能战胜疾病，就要学会与疾病共存；如果不能与疾病共存，就顺应自然规律，坦然面对生死。《庄子》里有句话：“寿则多辱。”人过于长寿，由于生活不能自理等原因，难免蒙受屈辱。过度医疗、过度抢救与患者及家属对死亡的恐惧有关。“只要有百分之一的希望，就要尽百分之百的努力”，成为很多患者和家属的宗旨，结果让患者浑身插满管子，经受地狱般生不如死的煎熬，最后在极度痛苦中离开人世。

无论是生病还是灾祸，在患者最后的日子里，医生和家人应该尊重科学，根据病情的发展变化，从帮助患者“恢复健康”转向“减轻痛苦”。人活着既要讲生存质量，也要讲死亡质量。死亡质量就是患者最后的生活质量，死亡质量也是人生幸福指数的核心指标。所以，家人不要盲目地一味要求医院抢救而折腾患者，如果自以为尽孝而横加干涉，会使患者的死亡过程变得痛苦而漫长。有的患者在临终前被送进重症监护室抢救，直到咽气了才给拔下从头到脚的各种管子，在没有亲人陪伴的陌生环境中离开人世。有的患者痛苦难耐挣扎着想拔去鼻子上的氧气管，可家人强行按住他的手，直到其手彻底瘫软，让病人在痛苦无奈中离去。其实，生命的这一时刻最需要做的是临终关怀，也叫安宁疗护。尊重患者的意愿，帮助其减轻疼痛和不适，提供身体、心理、精神等方面的照护和人文关怀，家人静静地守候在身边，让患者在亲人的陪伴下安详而有尊严地离去。人在临终前昏迷再深，也会有回光返照、片刻清醒之时，而且其听觉最后才消失。有个老爷爷身患绝症，弥留之际他把全家人叫到身边说了好多话后，突然呼吸急促，头一歪闭上了眼睛。在家人哭天抢地的时候，爷爷突然睁开眼睛，笑眯眯地对家人说："逗你们呢，我就看看谁没哭。"把悲痛不已的家人弄得哭笑不得，当天老爷爷就走了。连死亡都可以笑着面对，可谓最高的人生境界。

人生就像坐公交车一样，任何人都是一段路程，就如同婴儿上车、老人下车一样自然。死亡既然是每个人最后的归宿、生命的必然，那就应该顺其自然、坦然面对，让生的愉悦与死的坦然成为生命圆满的标志。就像印度诗人泰戈尔诗中所写："生如夏花之绚烂，死如秋叶之静美。"活着的时候，要像夏天盛开的花朵一样，灿烂奔放，绚丽多彩，活得有意义有价值。而面对自然返归的死亡时，要像秋天静静飘落的树叶一样，飘然仙逝，平静安详。也许人在临终前，就像诗歌、童话中描述的那样，他已经从病痛中解脱出来，天很蓝，风很轻，花很红，树很绿，鸟在唱，水在流，他在一种异常的轻快感中踏上美丽的归途，走完自己独一无二的人生之路。